新编21世纪高等职业教育精品教材

电子与信息类

Vue.js 前端开发技术

主　编◎张居彦

副主编◎赵　慧　王宝帅　冯　波

中国人民大学出版社

· 北京 ·

图书在版编目（CIP）数据

Vue．js 前端开发技术 / 张居彦主编．-- 北京 ：中国人民大学出版社，2025．4．--（新编 21 世纪高等职业教育精品教材）．-- ISBN 978-7-300-33439-4

Ⅰ．TP392．092．2

中国国家版本馆 CIP 数据核字第 20240MY014 号

新编 21 世纪高等职业教育精品教材·电子与信息类

Vue.js 前端开发技术

主　编　张居彦

副主编　赵　慧　王宝帅　冯　波

Vue.js Qianduan Kaifa Jishu

出版发行	中国人民大学出版社		
社　　址	北京中关村大街 31 号	**邮政编码**	100080
电　　话	010－62511242（总编室）		010－62511770（质管部）
	010－82501766（邮购部）		010－62514148（门市部）
	010－62511173（发行公司）		010－62515275（盗版举报）
网　　址	http://www.crup.com.cn		
经　　销	新华书店		
印　　刷	天津鑫丰华印务有限公司		
开　　本	787 mm × 1092 mm　1/16	**版　　次**	2025 年 4 月第 1 版
印　　张	15.75	**印　　次**	2025 年 4 月第 1 次印刷
字　　数	365 000	**定　　价**	42.00 元

前言

Preface

党的二十大报告指出：教育、科技、人才是全面建设社会主义现代化国家的基础性、战略性支撑。必须坚持科技是第一生产力、人才是第一资源、创新是第一动力，深入实施科教兴国战略、人才强国战略、创新驱动发展战略，这三大战略共同服务于创新型国家的建设。高等教育与经济社会发展紧密相连，对促进就业创业、助力经济社会发展、增进人民福祉具有重要意义。

在当今快速发展的互联网时代，前端开发在软件工程领域中变得至关重要。随着用户对网页交互体验要求的不断提高，前端技术也在不断创新和演进。作为一种新兴的前端框架，Vue.js 以其轻量级、易学性和高效性迅速受到开发者的喜爱。Vue.js 的特点包括灵活性、高性能和易用性，它能帮助开发者构建出色的交互式网页应用程序。

本教材将 Vue.js 框架的基础知识作为核心，详细阐述了基于 MVVM 架构的 Vue 框架原理，并重点介绍了 Vue 的双向数据绑定特性。除了对基础知识的深入讲解外，本教材还通过一系列实战项目案例，使学生能够将理论知识与实践相结合，提升解决实际问题的能力。全书共分为 9 个项目，内容涵盖了 Vue.js 的核心概念、指令、组件、路由、状态管理、动画及实战项目等。在例题选择上，本教材注重基本概念和理论的讲解与应用。

本教材适合作为本科和高职院校的“ Vue 框架”课程教材。对于软件工程、大前端专业的学生及准备学习 Vue 框架原理的读者来说，它都是一本极具价值的参考书。同时，对于从事相关领域科研、设计和生产的技术人员，本教材也提供了实用的参考资料。

本教材由张居彦担任主编，由赵慧、王宝帅、冯波担任副主编。衷心感谢所有参与本教材编写的教师，你们的专业知识和教学经验为本书的质量提供了重要保障，也感谢各位编辑在本书出版过程中的辛勤付出。

尽管我们努力确保教材内容的准确性和实用性，但由于时间限制，书中难免存在不足之处。我们诚恳地希望同行专家和广大读者提出宝贵的意见和建议，以便我们不断改进和完善。

编者

目录

Contents

项目 1 环境安装

随着互联网技术的飞速发展，前端技术越来越受到重视。前端技术的涵盖面从最初的HTML、CSS，到如今的Vue.js、Angular和React等各种框架，其中，Vue.js无疑是最出色的一个。本项目主要介绍Vue.js开发环境的搭建、Vue.js开发和调试工具的使用，以及如何创建一个简单的Vue.js案例。

知识目标 1

- 了解Vue.js的设计思想
- 掌握Vue.js开发环境的搭建
- 掌握Vue.js项目的创建方法

能力目标 2

- 具备搭建Vue.js开发环境的能力
- 具备创建Vue.js前端项目的能力

素养目标 3

- 培养端正的学习态度
- 培养良好的动手实践能力

1.1 Vue 概述

Vue.js 是一种流行的 JavaScript 前端框架，用于构建交互式的 Web 界面。它是一种轻量级、灵活且易于学习的框架，被广泛应用于单页应用程序（SPA）和复杂的用户界面开发。

Vue.js 的核心思想是通过将界面分解为可重用的组件来构建应用程序。它采用了 MVVM（Model-View-ViewModel）的架构模式，将数据模型、视图和视图模型进行了解耦，使开发人员能够更好地管理和维护代码。

Vue.js 具有许多强大的特性，包括响应式数据绑定、组件化开发、虚拟 DOM（Virtual DOM）等。它还提供了丰富的生态系统，包括官方维护的插件和第三方库，使开发人员能够更高效地构建复杂的 Web 应用程序。

总之，Vue.js 是一种功能强大、易于学习和使用的 JavaScript 前端框架，适用于各种规模的项目和开发需求。它的简洁性和灵活性使其成为现代 Web 开发中的热门选择。

1.1.1 前端技术的发展

前端技术在开发软件应用程序方面发挥着重要作用，第一个 Web 浏览器的诞生，直接拉开了前端技术发展史的序幕。在过去的几十年里，前端技术从简单静态页面到功能强大的动态网页的不断发展和进化，形成了现在完善的前端技术框架。

Web 前端技术起源于 1990 年，主要使用 HTML、CSS 和 JavaScript 作为基础语言，分别用来实现网页的结构、样式和交互。其中，HTML 语言主要用来编写网页的结构，如 <p></p> 是段落标签，主要用来包裹一段文字；CSS 语言主要用来设置网页的样式，包括页面的布局、颜色、字体、背景和其他效果，使页面更加美观、布局更加合理；JavaScript 语言主要用来实现页面的交互，为网页添加各式各样的动态功能，为用户提供更加流畅美观的浏览效果。

随着大型交互式项目的兴起，代码逻辑越来越烦琐，需要编写大量的 JavaScript 代码来操作 DOM，同时还需要处理浏览器的兼容问题，为了提高开发效率，进而出现了 jQuery 库。后来随着移动端技术的发展，如何构建单页应用迫在眉睫，为了更方便地开发这类应用，市面上出现了多种前端框架。下面来详细介绍前端技术的发展主要经历的几个阶段。

1. 静态页面阶段

1990 年，英国科学家蒂姆・伯纳斯・李（Tim Berners-Lee）在 CERN 启动并运行了第一台 Web 服务器和浏览器，这是前端工程的开端。

1993 年 4 月，Mosaic 浏览器发布并成为第一个流行的网页浏览器。1994 年 11 月，第一款商业浏览器 Netscape Navigator 浏览器发布，到年底 W3C 在蒂姆・伯纳斯・李的主持下成立，标志着万维网进入了标准化发展的阶段。这个阶段的网页还非常原始，以超文本标记语言（Hyper Text Mark-up Language，简称 HTML）为主，是纯静态的只读网页，所有前端代码和前端数据都是后端生成的，前端纯粹只是增加一些特殊效果，通过静态页面的跳转来实现页面之间的交互。

2. JavaScript 诞生及第一次浏览器竞争

1995 年，Netscape 公司的工程师布兰登 · 艾奇（Brendan Eich）设计出了 JavaScript 脚本语言，并集成到了 Navigator 2.0 版本中。随后，微软也意识到了 JavaScript 的潜力，并开发了 VBScript 和 JScript 应用到 IE 中，这直接开启了 Netscape 和微软的浏览器竞争。

在设计之初，JavaScript 是一种可以嵌入网页中的编程语言，用来控制浏览器的行为。随着 JavaScript 的发展，JavaScript 的用途已经不仅仅局限于浏览器了。

由于微软的 IE 集成在 Windows 操作系统上的优势，Netscape 的 Navigator 很快在浏览器市场上落于下风，于是把 JavaScript 提交到 ECMA（欧洲计算机制造商协会），推动制定了 ECMAScript 标准，并将 JavaScript 的标准实现了国际化。虽然第一次浏览器竞争 IE 更胜一筹，但是 Netscape 的 JavaScript 主导了 W3C 的官方标准。

3. 动态页面的发展

JavaScript 诞生之初，就给网页带来了一些跑马灯、浮动广告之类的特效和应用，让网页动了起来。随着技术的进步，动态网页模板的功能也逐渐增强，可以实现更复杂的交互操作和动画效果。但是网页真正开始向动态交互发展的开端，却是以 PHP、JSP 和 ASP 为代表的后端动态页面技术的出现。这些服务器端的动态页面技术使网页可以获取服务器的数据信息并保持更新，推动了以谷歌为代表的搜索引擎和各种论坛的出现，万维网开始得到快速发展。

动态网页模板在各个行业都有了广泛的应用。在电子商务领域，动态网页可以提供更方便的购物体验，如实时更新的库存信息、推荐商品等。在教育领域，动态网页可以用于在线教育平台，提供多媒体教学资源和互动学习功能。

服务器端网页动态交互功能的不断丰富，伴随的是后端逻辑的复杂度快速上升，代码越来越复杂。为了更好地管理后端逻辑，出现了大量后端的 MVC 框架。

4. Ajax 的流行开启 Web2.0 时代

2004 年前的动态页面都是由后端技术驱动的，虽然实现了动态交互和数据即时存取，但是每一次的数据交互都需要刷新一次浏览器。频繁的页面刷新非常影响用户的体验，这个问题直到谷歌在 2004 年应用 Ajax 技术开发 Gmail 和发布谷歌地图，才得到了解决。

这背后的秘密就是 Ajax 技术中实现的异步 HTTP 请求，这让页面无须刷新就可以发起 HTTP 请求，用户也不用专门等待请求的响应，可以继续网页的浏览或操作。

因此，可以说 Ajax 开启了 Web2.0 时代。

5. 前端兼容性框架的出现

Netscape 在第一次浏览器竞争中败给了 IE 之后，创办了 Mozilla 技术社区，该社区之后发布了遵循 W3C 标准的 Firefox 浏览器。Firefox 浏览器和 Opera 浏览器一起代表 W3C 阵营和 IE 开始了第二次浏览器竞争。

不同的浏览器技术标准有着不小的差异，不利于兼容开发，这催生了 Dojo、Mooltools、YUI、ExtJS、jQuery 等前端兼容框架，其中 jQuery 应用最为广泛。

6. HTML5 的出现及第二次浏览器竞争

2004 年 6 月，Mozilla 基金会和 Opera 软件公司提议 W3C 扩展 HTML 和 DOM 的 Web Forms 2.0 草案被否决后，一些浏览器厂商便成立了网页超文本应用技术工作小组（WHATWG），提出了 Web Applications 1.0 规范草案，这两种规范后来合并成为 HTML5。W3C 在 2007 年接纳了 HTML5 草案规范，并成立了新的 HTML 工作团队。2008 年 1 月，HTML5 正式草案发布。

在 HTML5 新规范的指引下，各个浏览器厂商都为了支持 HTML5 而不断改进浏览器，第二次浏览器竞争走向了良性竞争。值得注意的是，谷歌以 JavaScript 引擎 V8 为基础研发的 Chrome 浏览器发展迅猛。

2014 年 10 月，W3C 正式发布 HTML5.0 推荐标准。

7. Node.js 爆发

2009 年，瑞恩·达尔（Ryan Dahl）开发了基于事件循环的异步 I/O 框架——Node.js。它是一个基于 Chrome V8 引擎的 JavaScript 运行环境，使用了一个事件驱动、非阻塞式 I/O 模型，让 JavaScript 运行在服务端的开发平台，让 JavaScript 成为与 PHP、Python、Perl、Ruby 等服务器端语言相媲美的脚本语言。

Node.js 使得前端开发人员可以利用 JavaScript 开发服务器端程序，深受前端开发人员的欢迎。很快，大量的 Node.js 使用者就构建了一个 Node.js 生态系统，这个系统是使用 NPM 包管理工具管理的。Node.js 对一些特殊用例进行优化，提供替代的 API，使得 V8 引擎在非浏览器环境下运行得更好，V8 引擎执行 JavaScript 的速度非常快，性能非常好。

除了大型高流量网站外，Node.js 在开发一些快速移动 Web 框架、应用程序监控、媒体流、远程控制、桌面和移动应用等领域都得到了广泛应用。

Node.js 也催生了 node-webkit 等项目，拓展了使用 JavaScript 开发跨平台的桌面软件的能力。

8. 前端 MVC 架构及 SPA 时代的开启

随着各大浏览器纷纷开始支持 HTML5，前端能够实现的交互功能越多，相应的代码复杂度也越高，以前用于后端的 MVC 框架也开始出现在前端部分。MVC 是 Model-View-Controller 的简写，即模型 – 视图 – 控制器。M 和 V 的意思和 MVVM 中 M 和 V 的意思一样，C（Controller）指的是页面业务逻辑，使用 MVC 的目的就是将 M 和 V 的代码分离。

MVC 是单向通信，也就是 View 跟 Model，必须通过 Controller 来承上启下。MVC 和 MVVM 的区别并不是 VM 完全取代了 C，ViewModel 存在的目的是抽离 Controller 中展示的业务逻辑，而不是替代 Controller，其他视图操作业务等还是应该放在 Controller 中实现，也就是说 MVVM 实现的是业务逻辑组件的重用。

由于 MVC 出现的时间比较早，前端并不那么成熟，很多业务逻辑也是在后端实现的，所以前端并没有真正意义上的 MVC 模式。

从 2010 年 10 月出现的 Backbone 开始，Knockout、Angular、Ember、Meteor、Vue 相继出现。这些框架的运用，使得网站从 Web Site 进化成了 Web App，开启了网站应用的 SPA（Single Page Application）时代。

9. 移动 Web 和 Hybrid App

随着智能手机的发展，移动端成为重要的信息和流量端口，为了满足不同移动端浏览器的兼容需求，发展出了 jQuery Mobile、Sencha Touch、Framework7 等框架。

混合应用程序（Hybrid Application，简称 Hybrid App）是结合了原生应用程序和 Web 应用程序的元素的软件应用。Hybrid 技术指的是利用 Web 开发技术，调用 Native 相关的 API，实现移动与 Web 二者的有机结合，既能利用 Web 开发周期短的优势，又能为用户提供 Native 的体验。Hybrid App 本质上是带有原生应用外壳的 Web 应用。一旦用户从应用商店下载应用并在本地安装，外壳就会通过嵌入在应用中的浏览器连接到移动平台提供的任何功能。浏览器及其插件在后端运行，对最终用户是不可见的。

Native App 的性能和 UI 体验依然比移动 Web App 要好，但移动 Web 开发成本低、跨平台、发布周期短的特点不容忽视，未来可期。

10. ECMAScript6.0

ECMAScript6.0 是 JavaScript 语言的下一代标准，它的目标是使得 JavaScript 语言可以用来编写复杂的大型应用程序，成为企业级开发语言。ECMAScript6.0 版本增加了很多新的语法，极大地拓展了 JavaScript 的开发潜力。由于浏览器 ECMAScript6.0（ES6）语法的支持滞后，出现了 Babel 和 TypeScript 来把 ES6 代码编译成 ES5 等现有浏览器支持的代码。

ES6 现已更名为 ES2015，以后每年基本上会发布新的 ES 标准，这标志着 JavaScript 的发展将会更快。现在而言，ES6 既是一个历史名词，也是一个泛指，含义是 5.1 版本以后的 JavaScript 的下一代标准，涵盖了 ES2015、ES2016、ES2017 等。

11. 今天的前端技术

今天的前端技术已经形成了一个大的技术系统，包括以 Github 为代表的代码管理仓库；以 NPM 和 Yarn 为代表的包管理工具；以 ES6 及 Babel 和 TypeScript 构成的脚本体系；HTML5；CSS3 及相应的处理技术；以 React、Vue.js、Angular 为代表的框架；以 Webpack 为代表的打包工具；以 Node.js 为基础的 Express 和 KOA 后端框架；Hybrid 技术。

1.1.2 MVVM 框架

此处可参看视频：

1－1 MVVM 风格开发框架

MVVM 框架是 MVP（Model View Presenter）模式与 WPY 结合演变而来的一种新型的框架结构，它立足于原有的 MVP 框架并融入了 WPY 的新特性，以应对用户日益复杂的需求变化。

简单来说，在 MVVM 风格开发框架没有出来之前，我们通常会把服务端代码放到浏览器当中，这样就产生了成千上万行 JavaScript 代码，它们又连接了各种各样的 CSS 文件和 HTML 文件来展示视图。正是因为缺乏正规的组织形式，越来越多的开发者使用 JavaScript 框架，但是前端的项目越大，项目的可维护性和可扩展性就越低。为了解决这一问题，前端又出现了很多类库来解决项目的维护和扩展问题，但这些类库没有统一标准的业务逻辑分层，综上原因，才有了我们现在的 MVVM 风格的开发框架。

MVVM 设计模式如图 1－1 所示。

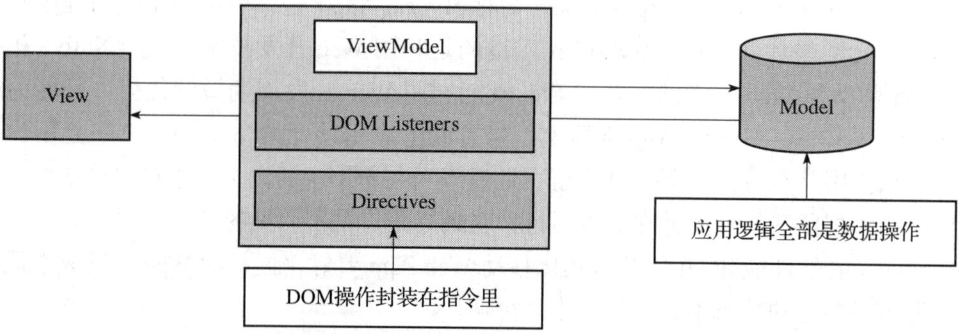

图 1－1 MVVM 设计模式

MVVM 本质上是 MVC 的改进版，正式连接了视图和控制器，并将表示逻辑从 Controller 移出到一个新的对象里，即 ViewModel。Model 是模型，是指后端传递的数据；View 是视图，是指用户所看到的页面；ViewModel 是连接 Model 和 View 的桥梁，也是 MVVM 的核心。

ViewModel 的工作是将后端传递来的数据转换成用户看到的页面，同时它也需要将用户所看到的页面转换成数据再传递给后端，实现 View 和 Model 的自动同步。也就是说，在 MVVM 框架中，View 层和 Model 层不直接交互，它们通过 ViewModel 来建立连接，ViewModel 需要监听 Model 的变化来改变 View，同时也需要监听 View 的变化来通知 Model 改变数据，这就是双向绑定。ViewModel 要随时监听数据的变化，同时告知 View 层做出相应的改变。

可见，MVVM 比 MVC 精简得多，不仅简化了业务与界面的依赖，而且解决了数据频繁更新的问题，不再依赖选择器来操作 DOM 元素。因为在 MVVM 中，View 并不知道 Model 的存在，View 的变动会自动反映在 ViewModel 中；反之，Model 和 ModelView 也观察不到 View，这种低耦合模式大大地提高了代码的可重用性。因此，MVVM 的灵活性要远远高于 MVC。

1.1.3 什么是 Vue

Vue.js（简称 Vue）是一套用于构建用户界面的渐进式框架。与知名的前端框架 Angular 和 Ember 相同，Vue.js 在设计上也采用 MVVM 模式。同时，Vue.js 提供了更加简洁、更容易理解的 API，使我们能够更快速地掌握并使用。

与其他大型框架不同的是，Vue.js 可以自底向上逐层应用。Vue.js 的核心库只关注视图层，不仅容易上手，而且还便于和第三方库或既有项目整合。开发人员既可以选择使用 Vue.js 来开发一个全新的项目，也可以将 Vue.js 引入已有的项目中。另外，当与现代化的工具链及各种支持类库结合使用时，Vue.js 也完全能够为复杂的单页应用提供驱动。

Vue.js 的数据驱动是通过 MVVM 模式实现的，其中，View 层指的是视图部分，即 HTML 文档的 DOM 元素，负责视图的处理；Model 层指的是数据部分，主要负责业务数据的存取；ViewModel 层是 Vue.js 的核心，是连接视图与数据的数据模型，负责监听 Model 或者 View 的修改，实质上是一个 Vue.js 的实例。

Vue.js 的目标是通过尽可能简单的 API 实现响应的数据绑定和组合的视图组件。在创建了 ViewModel 实例后，双向数据绑定的过程可以分为以下三步：

（1）实现数据绑定的关键是 DOM Listeners 和 Data Bindings。

（2）从 View 看，ViewModel 中的 DOM Listeners 工具会时刻监测页面上 DOM 元素的变化，一旦 DOM 元素发生变化，Model 中的数据会随之变化。

（3）从 Model 看，当更新 Model 中的数据时，页面中的 DOM 元素会随之更新。

1.1.4 Vue 的优势

与 jQuery、React、Angular 等框架相比，Vue.js 最为轻量化，而且已经形成了一套完整的生态系统，可以快速更新迭代。Vue.js 的优势体现在以下几个方面。

1. 轻量级框架

Vue.js 通过简洁的 API 提供高效的数据绑定和灵活的组件系统，只关注视图层，是一个构建数据的视图集合，体积小，大小只有几十 kB。

2. 简单易学

国内开发，中文文档，不存在语言障碍，易于理解和学习。

3. 双向数据绑定

所谓的响应式数据绑定，即 Vue.js 会自动对页面中某些数据的变化做出同步响应。当数据发生变化的时候，视图也会随之变化；当视图发生变化的时候，数据也会跟着同步变化。也就是说，Vue.js 会自动响应数据的变化情况，并且根据用户在代码中预先写好的绑定关系，对所有绑定在一起的数据和视图内容都进行修改。而这种绑定关系，就是用 input 标签的 v-model 属性来声明的，因此有人称 Vue.js 为声明式渲染的模板引擎。这也是 Vue.js 最大的优点，通过 MVVM 思想实现数据的双向绑定，让开发者不用再操作

DOM 对象，从而有更多的时间去思考业务逻辑。尤其在进行表单处理时，双向数据绑定非常方便。

4. 组件化开发

组件是 Vue.js 最强大的特性之一。为了更好地管理一个大型的应用程序，往往需要将应用切割成小而独立、具有复用性的组件。在前端应用中，我们是否也可以像编程一样把模块封装呢？这就引入了组件化开发的思想。

Vue.js 通过组件把一个单页应用中的各种模块拆分到一个个单独的组件中，我们只要先在父级应用中写好各种组件标签（“占坑”），并且在组件标签中写好要传入组件的参数，就像给函数传入参数一样，这个参数叫作组件的属性；然后再分别写好各种组件的实现（“填坑”），这样整个应用就完成了。在 Vue.js 中，组件是基于 HTML 元素的扩展，可以方便地自定义其数据与行为，使代码编写量大大减少，读者更加易于理解。

5. 视图、数据、结构分离

Vue.js 使数据的修改变得更为简单，不需要进行逻辑代码的修改，只需要操作数据就能完成相关操作。

6. 虚拟 DOM

现在的网速越来越快，很多人家里都是上百甚至上千兆的光纤，手机也是 4G 起步，而一个网页才几百 kB，浏览器本身还会缓存很多资源文件，那么为什么打开一个之前已经打开过，已经有缓存的页面还是感觉很慢呢？这是因为浏览器本身处理 DOM 也是有性能瓶颈的，尤其是在传统开发中，用 jQuery 或者原生的 JavaScript DOM 操作函数对 DOM 进行频繁操作的时候，浏览器要不停地渲染新的 DOM 树，导致页面看起来非常卡顿。

而 Virtual DOM 是虚拟 DOM 的英文，简单来说，它就是一种可以预先通过 JavaScript 进行各种计算，把最终的 DOM 操作计算出来并优化，由于这个 DOM 操作属于预处理操作，并没有真实地操作 DOM，所以叫作虚拟 DOM。在计算完毕后，才真正将 DOM 操作提交，将 DOM 操作变化反映到 DOM 树上。

7. 运行速度更快

Vue.js 和 React 都是操作虚拟 DOM，相较于 React 而言，在性能方面，Vue.js 运行速度更快，具有更大的优势。

随着前端技术的不断发展，前端技术能够处理的业务越来越多，网页也变得越来越强大和动态化，这些技术的进步都离不开 JavaScript。Vue.js 是一款友好、多用途且高性能的 JavaScript 框架，它能够帮助用户创建可测试性和可维护性更强的代码库。Vue.js 是渐进式的 JavaScript 框架，即如果已经有了现成的服务端应用，可以将 Vue.js 作为该应用的一部分嵌入其中，带来更加丰富的交互体验；或者如果希望将更多业务逻辑放到前端来实现，那么 Vue.js 的核心库及生态系统也可以满足各种需求。推荐将 Vue.js 应用到具有复杂交互逻辑的前端应用中，以确保用户的体验效果。

1.2 项目实施

为了快速使用 Vue.js 进行项目开发，本节将对 Vue.js 的开发环境搭建及常用工具的使用进行讲解，并通过一个简单的实际案例来演示 Vue.js 的基本使用。

1.2.1 实验背景

传统的前端开发方式分为编写页面、编写样式、编写脚本，然后在页面中引入样式和脚本，即可运行。现代的前端开发方式为：开发组件，开发路由连接组件，编译应用，发布调试。所以，与传统页面开发不同，现代前端开发时首先需要搭建一个编译环境，这个编译环境主要基于 Webpack 来实现，包含了 babel、less、scss、lint 等工具，而这些工具都是基于 Node.js 的环境来运行的。例如，使用 Vue CLI（Vue 脚手架）搭建项目的时候需要 Node.js。我们也可以创建一个 HTML 文件，然后通过如下方式引入 Vue.js。例如：

```
<!-- 开发环境版本，包含了有帮助的命令行警告 -->
<script src="https://cdn.jsdelivr.net/npm/vue/dist/vue.js"></script>
```

但是使用 Node.js 是比较方便的，打包部署，解析 Vue 单文件组件，解析每个 Vue 模块并拼在一起等，启动测试服务器 localhost，管理 vue-router、vue-resource 等插件。所以通常情况下，我们会使用 Vue.js 和 Node.js 相结合的方式，这样开发起来比较方便。

1. Node.js

Node.js 是一个基于 Chrome V8 引擎的 JavaScript 运行环境，使用了一个事件驱动、非阻塞式 I/O 模型，让 JavaScript 运行在服务端的开发平台。

Chrome V8 引擎本身使用了一些最新的编译技术，这使得用 JavaScript 这类脚本语言编写出来的代码运行速度获得了极大提升，还节省了开发成本。对性能的苛求是 Node.js 的一个关键因素。JavaScript 是一个事件驱动语言，Node.js 利用了这个优点，编写出可扩展性高的服务器。Node.js 采用了一个称为“事件循环（Event Loop)”的架构，使得编写可扩展性高的服务器变得既容易又安全。提高服务器性能的技巧多种多样。Node.js 选择了一种既能提高性能，又能降低开发复杂度的架构，这是一个非常重要的特性。并发编程通常很复杂且布满“地雷”，Node.js 绕过了这些，仍提供很好的性能。

让 JavaScript 运行于服务器端并不是 Node.js 的独特之处，是 Node.js 的强大功能之一。不得不承认，浏览器环境限制了我们选择编程语言的自由。任何服务器与日益复杂的浏览器客户端应用程序间共享代码的愿望只能通过 JavaScript 来实现。虽然还存在其他一些支持 JavaScript 在服务器端运行的平台，但因为上述特性，Node.js 发展迅猛，成为事实上的平台。

Node.js 作为一个新兴的前端框架与后台语言，有很多吸引人的地方，如 RESTful API、单线程。Node.js 可以在不新增额外线程的情况下，依然可以对任务进行并发处理——Node.js 是单线程的。它通过事件循环来实现并发操作，我们应该要充分利用这一点，尽可能地避免阻塞操作，多使用非阻塞操作。

2. NPM

NPM 是 Node.js 的包管理工具，用来安装各种 Node.js 的扩展。NPM 是随同 Node.js 一起安装的包管理工具，能解决 Node.js 代码部署上的很多问题，常见的使用场景有以下几种：

（1）允许用户从 NPM 服务器下载其他人编写的第三方包到本地使用。

（2）允许用户从 NPM 服务器下载并安装其他人编写的命令行程序到本地使用。

（3）允许用户将自己编写的包或命令行程序上传到 NPM 服务器供其他人使用。

3. Webpack

当构建一个现代的 Web 应用时，通常需要将多个 JavaScript 文件、CSS 文件和其他资源文件打包成一个或多个文件，以提高网站的性能和加载速度。Webpack 是一个现代 JavaScript 应用程序的静态模块打包器，它可以将代码和依赖项转换为静态资产，如一个或多个 JavaScript 文件和一个或多个 CSS 文件。

Webpack 是一个功能强大的静态模块打包器，有入口、出口、加载器和插件，可以处理多种类型的文件，并提供丰富的配置选项和插件，通过 CommonJS 语法把所有浏览器端需要发布的静态资源做相应的准备，如资源的合并和打包，可以帮助我们快速构建高性能的现代 Web 应用程序。当 Webpack 处理应用程序时，它会在内部构建一个依赖图（Dependency Graph），此依赖图对应映射到项目所需的每个模块，并生成一个或多个捆绑包（Bundle）。

4. Vue CLI

Vue CLI（Command-Line Interface）译为 Vue 命令行界面，俗称 Vue 脚手架。Vue.js 有著名的“全家桶”系列，包含了 Vue-router、Vuex、Vue-resource，再加上构建工具 Vue CLI，就是一个完整的 Vue 项目的核心构成。

Vue CLI 是一个官方发布的 Vue.js 项目脚手架，使用 Vue CLI 可以快速搭建 Vue.js 开发环境及对应的 Webpack 配置。Vue CLI 这个构建工具大大降低了 Webpack 的使用难度，支持热更新，有 webpack-dev-server 的支持，相当于启动了一个请求服务器，搭建了一个测试环境，开发人员只需关注开发就可以了。

5. Visual Studio Code

Visual Studio Code（简称 VS Code）是微软在 2015 年 4 月正式发布的一个运行于 Mac OS X、Windows 和 Linux 之上，针对编写现代 Web 和云应用的跨平台源代码编辑器，可在桌面上运行。它具有对 JavaScript、TypeScript 和 Node.js 的内置支持，并具有丰富的其他语言（如 C++、C#、Java、Python、PHP、Go）和运行时扩展的生态系统（如 .NET 和 Unity）。

前端开发使用微软的 VS Code，有利于前后端分离开发的调试。同时，VS Code 支持大量插件扩展，启动速度快，支持 Java、Python、Vue.js 等多种语言的项目开发。该编辑器集成了一款现代编辑器所应该具备的所有特性，包括语法高亮（Syntax High Lighting）、可定制的热键绑定（Customizable Keyboard Bindings）、括号匹配（Bracket Matching），以及代码片段收集（Snippets）。

使用 VS Code 编辑器进行 Vue.js 开发的优点主要体现在以下几个方面：

（1）强大的代码编辑功能。VS Code 是一款功能强大的代码编辑器，提供了丰富的代码编辑功能，包括智能补全、语法高亮、代码片段、多光标编辑等，有助于提高编码效率和准确性。

（2）丰富的插件生态系统。VS Code 拥有庞大的插件生态系统，为 Vue.js 开发提供众多插件和扩展，这些插件提供了许多有用的功能，如语法检查、模板预览、组件导航等，能够让 Vue.js 开发更加便捷和高效。

（3）集成的终端和调试工具。VS Code 内置了终端和调试工具，可以在开发过程中方便地执行命令和调试代码。对于 Vue.js 项目来说，可以直接在 VS Code 的终端中运行 NPM 命令或 Vue CLI 命令，无需切换到外部终端。同时，VS Code 提供了强大的调试功能，可以方便地对 Vue.js 应用进行调试，提高调试效率。

（4）Git 集成和版本控制。VS Code 内置了 Git 工具，可以直接在编辑器中进行版本控制操作，如提交代码、查看修改、合并分支等。对于 Vue 项目来说，这个功能十分方便，能够更好地管理和追踪代码的改动。

（5）自定义配置和主题。VS Code 提供了丰富的配置选项和主题，可以根据个人喜好进行自定义配置，如设置缩进、代码样式、主题色彩等，对于提升开发效率和舒适度有很大帮助。

1.2.2 实验目的

通过本节的项目实验，我们需要熟练掌握 Vue.js 开发环境的搭建过程：

（1）Node.js 环境的安装及配置。

（2）运用 NPM 包管理工具。

（3）Vue.js 环境安装。

（4）脚手架工具安装。

1.2.3 Visual Studio Code 编辑器的安装

此处可参看视频：

1－2 Visual Studio Code 编辑器的安装

Visual Studio Code 是微软开发的一款轻量级的、跨平台的、开源的代码编辑器，可以免费使用。

（1）进入 Visual Studio Code 编辑器的官网（https://code.visualstudio.com/Download）下载该代码编辑器，界面如图 1－2 所示，选择需要的版本进行下载。

（2）下载完成后，双击并运行 .exe 文件进入安装界面，如图 1－3 所示，选择“我同意此协议”，并单击“下一步”按钮。

（3）在弹出的“选择附加任务”界面中选择需要的附加任务，如“创建桌面快捷方式”，如图 1－4 所示，并单击“下一步”按钮。

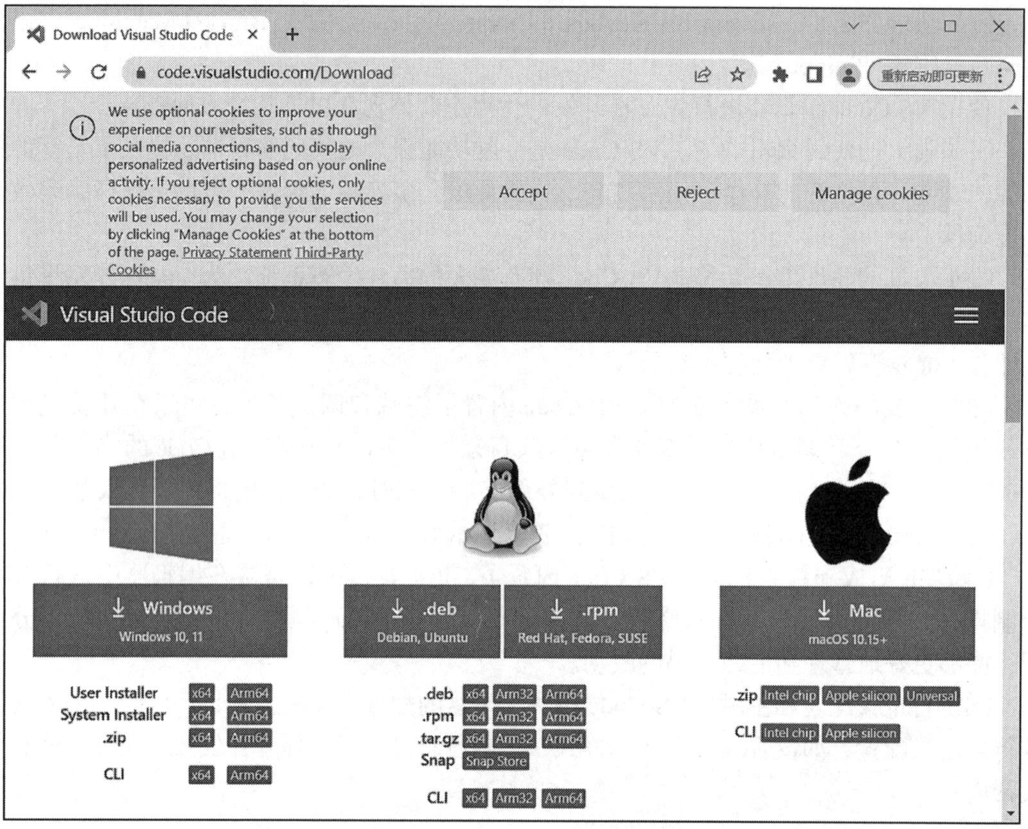

图 1－2　Visual Studio Code 编辑器官网界面

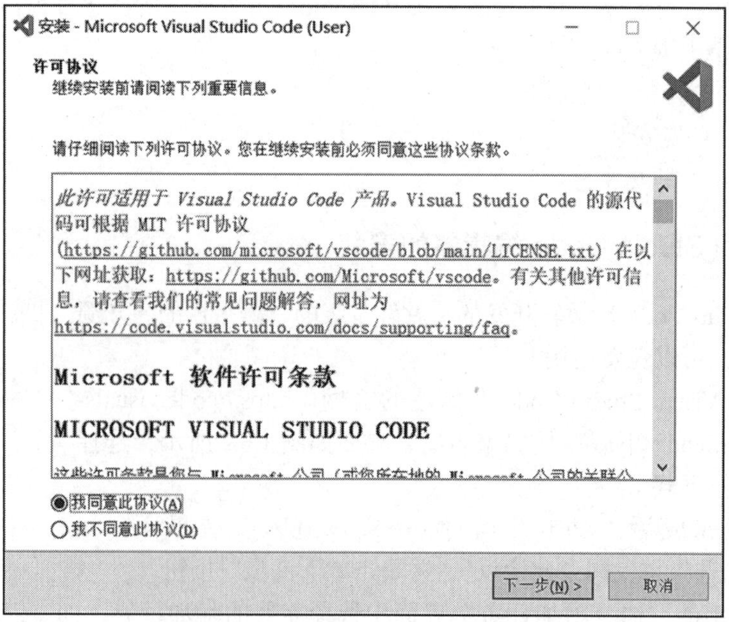

图 1－3　Visual Studio Code 编辑器安装界面

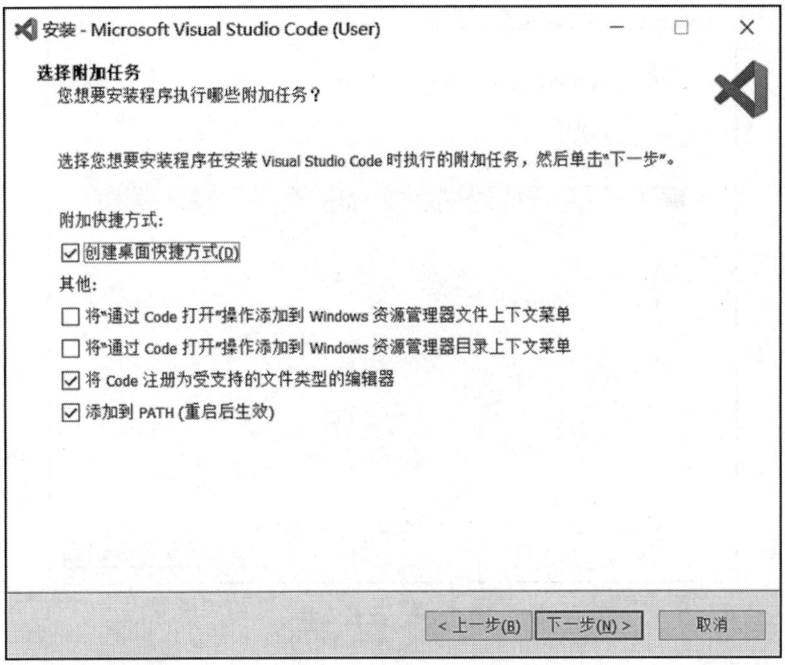

图 1-4　选择附加任务

（4）在弹出的“准备安装”界面中单击“安装”按钮，如图 1-5 所示。

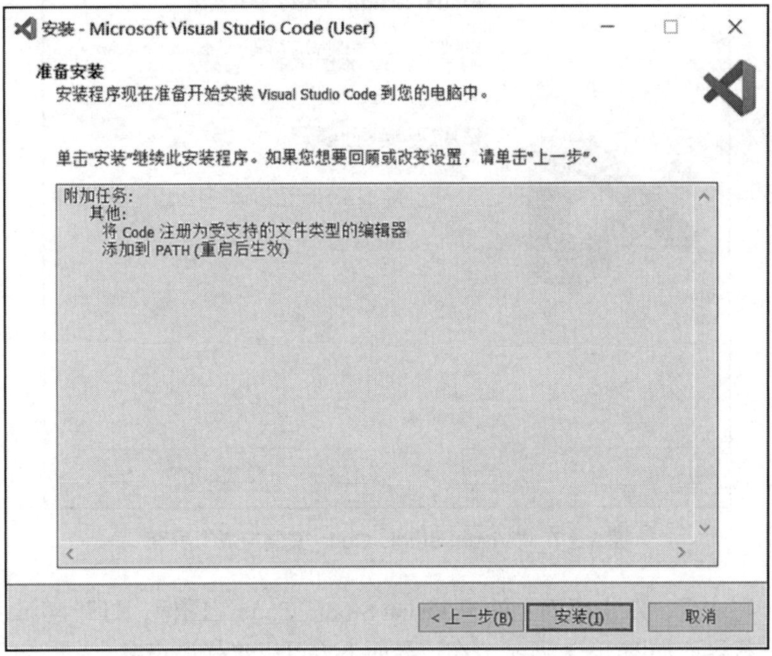

图 1-5　准备安装

（5）正在安装 Visual Studio Code 编辑器，如图 1-6 所示。

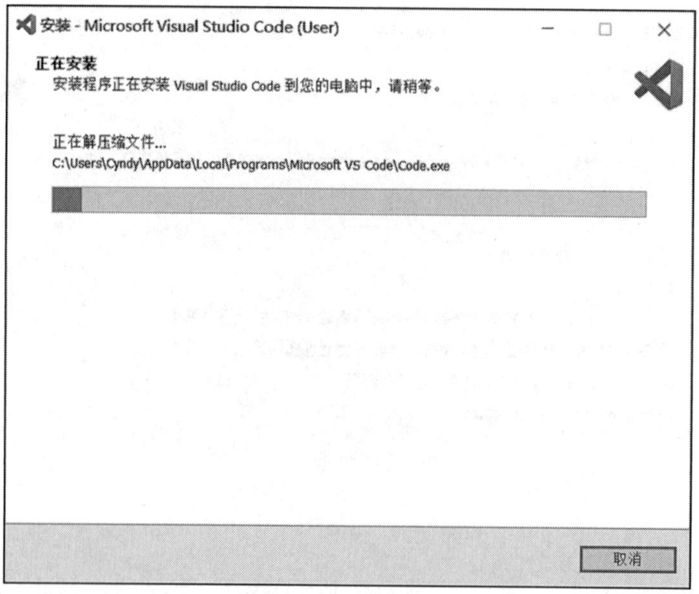

图 1－6　正在安装

（6）安装完成后，进入“Visual Studio Code 安装完成”界面，如图 1－7 所示。

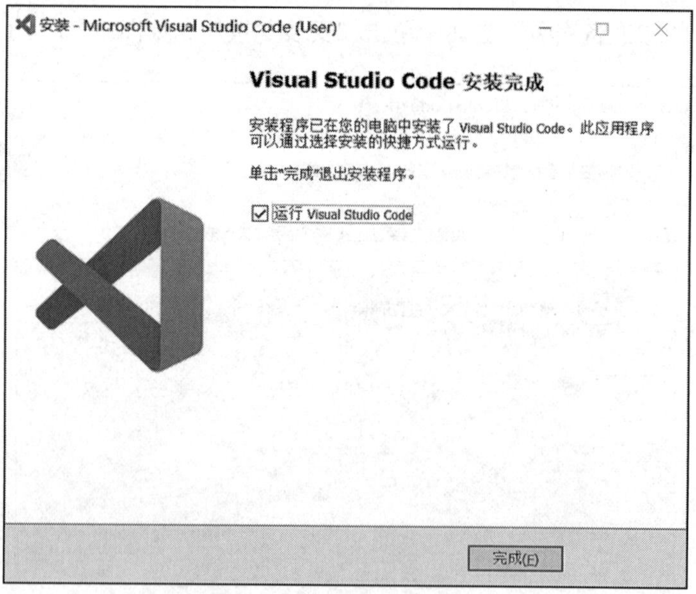

图 1－7　“Visual Studio Code 安装完成”界面

（7）安装完成后，双击桌面上的“Visual Studio Code”图标，打开 Visual Studio Code 编辑器，其运行界面如图 1－8 所示，在该界面下方可以选择语言。

（8）单击 Visual Studio Code 编辑器运行界面左侧的“安装插件”图标，会显示出 Visual Studio Code 所有可用的插件，如图 1－9 所示，在插件列表中可以选择开发时需要用到的插件并进行安装。

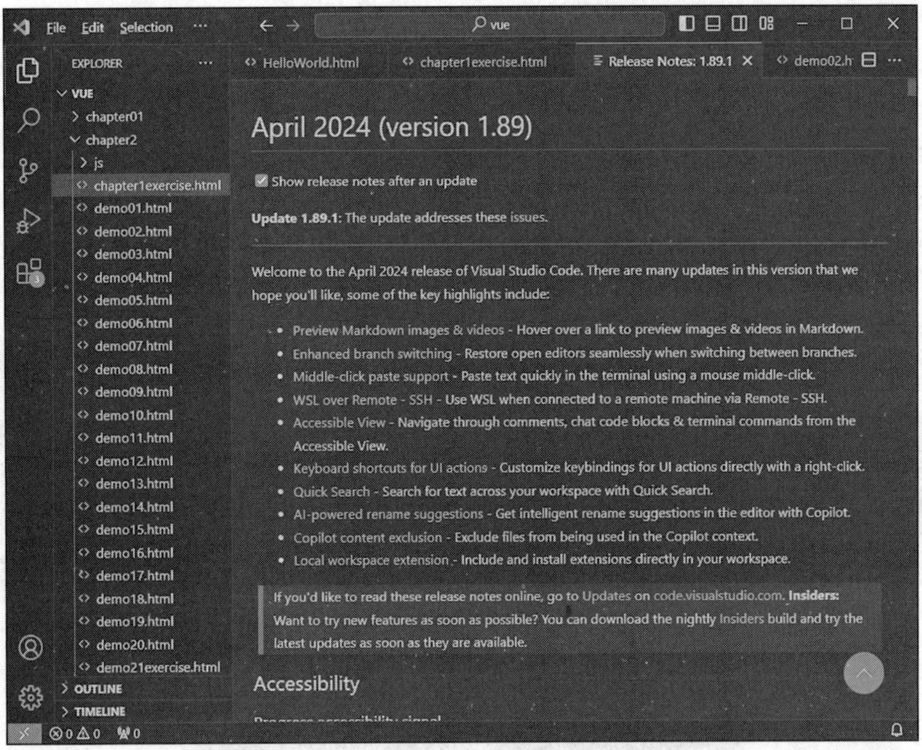

图 1－8 Visual Studio Code 编辑器运行界面

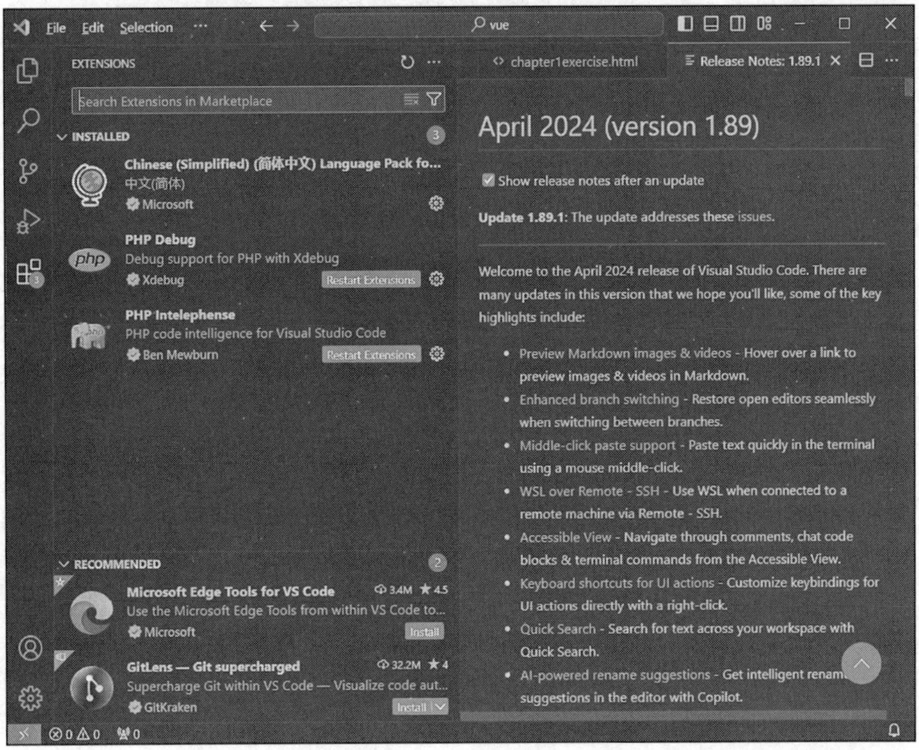

图 1－9 显示 Visual Studio Code 所有可用的插件

至此，Visual Studio Code 编辑器安装并配置完成。

1.2.4 Node.js 环境及 NPM 包管理工具的安装

在安装并配置 Node.js 的过程中，某些 CMD 命令操作可能需要管理员身份，因此在安装配置过程中如出现问题，要检查是否是管理员身份。

（1）登录 Node.js 官网（http://nodejs.cn），如图 1 - 10 所示，单击“下载安装”，进入“下载”页面。

图 1 - 10　登录 Node.js 官网

（2）在“下载”页面中，有“最新版本”及“LTS 版本”两种版本，每种版本下都有不同系统对应的安装包，用户可以根据需要的版本及自身设备的系统下载对应的安装包，如图 1 - 11 所示。

如果是 Windows 10 操作系统，选择 Windows 安装包（.msi）或 Windows 二进制文件（.zip）64 位即可。如果是 macOS 操作系统，选择 macOS 安装包（.pkg）或 macOS 二进制文件（.tar.gz）。如果是 Linux 操作系统，选择 Linux 二进制文件（x64）或 Linux 二进制文件（ARM）。

（3）下载安装包以后，双击安装包，安装界面如图 1 - 12 所示。

（4）单击“继续”按钮，进入“软件许可协议”界面，如图 1 - 13 所示。

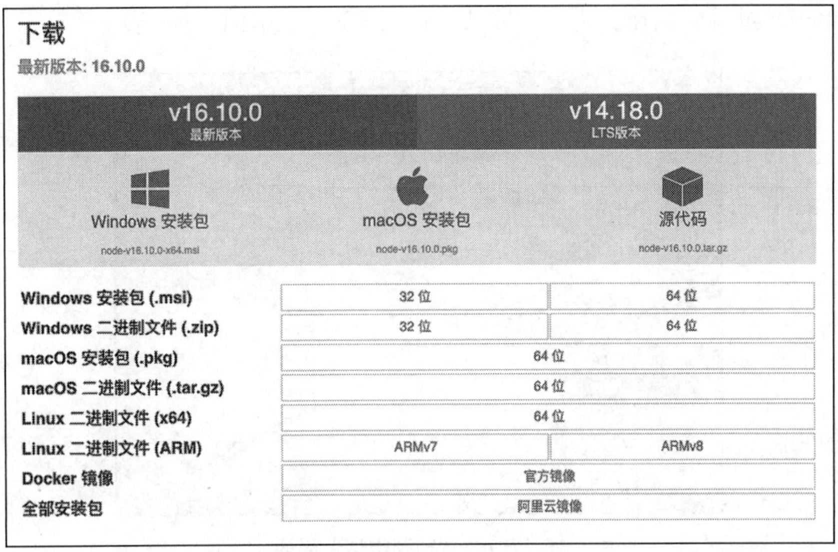

图 1－11 “下载”页面

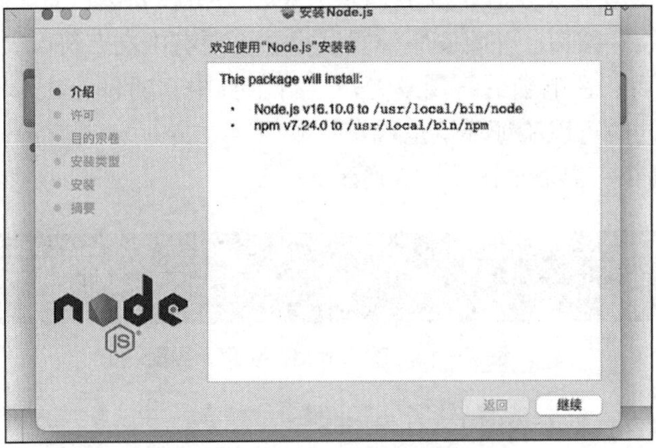

图 1－12 Node.js 安装界面

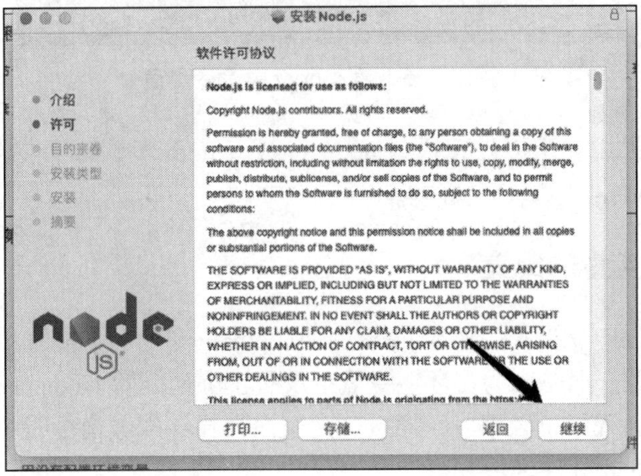

图 1－13 “软件许可协议”界面

（5）单击“继续”按钮，进入“安装类型”界面，如图 1 - 14 所示。

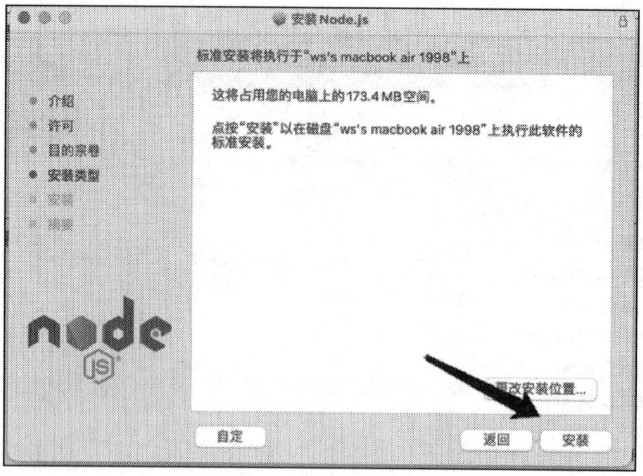

图 1 - 14 “安装类型”界面

（6）如果需要更改安装位置，在界面下方单击“更改安装位置 ...”进行更改，更改完成后，单击“安装”按钮。注意安装位置路径中不要有中文字符。

（7）安装成功后，在电脑的终端或者命令行工具中，通过 node -v、npm -v 命令可以查看环境的版本，同时可以验证环境是否安装成功。

输入 node -v 命令，界面如图 1 - 15 所示。

图 1 - 15 输入 node -v 命令界面

输入 npm -v 命令，界面如图 1 - 16 所示。

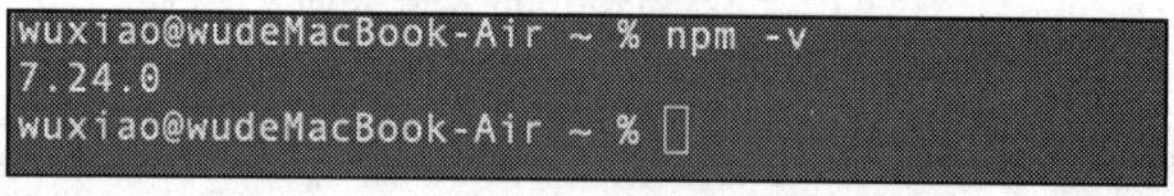

图 1 - 16 输入 npm -v 命令界面

从上述验证结果中，可以发现输入 node -v 或者 npm -v 命令，都可以查看 Node.js 环境的版本，说明 Node.js 环境安装成功。

1.2.5 软件环境变量的配置

在终端或命令行中，当我们输入 node -v 或 npm -v 命令时如果提示错误，这种情况可能并非环境安装失败，而是因为在环境变量中没有正确地配置 Node.js 和 NPM。

由于命令的启动程序位置不对，导致这两个命令在终端或命令行中执行时报错。下面简单介绍如何正确配置软件环境变量。

（1）关于 Window 系统中环境变量的配置，可以找到 Node.js 默认的安装路径：C:\Program Files\nodejs\node.exe。

（2）在桌面上，右击“此电脑”图标，在弹出的快捷列表中选择“属性”，如图 1－17 所示。

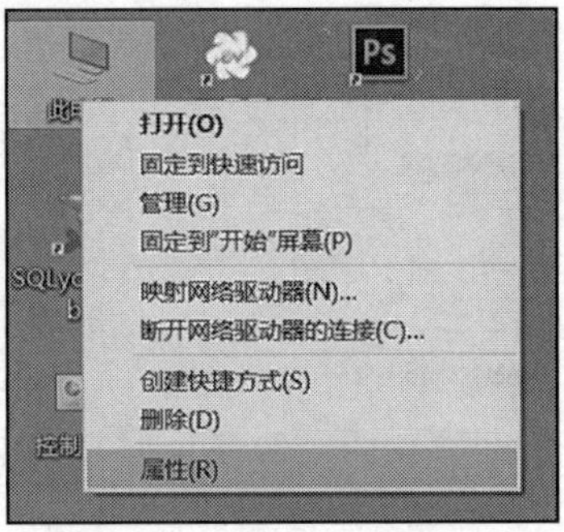

图 1－17　选择“属性”

（3）弹出“设置”界面，找到“高级系统设置”，如图 1－18 所示。

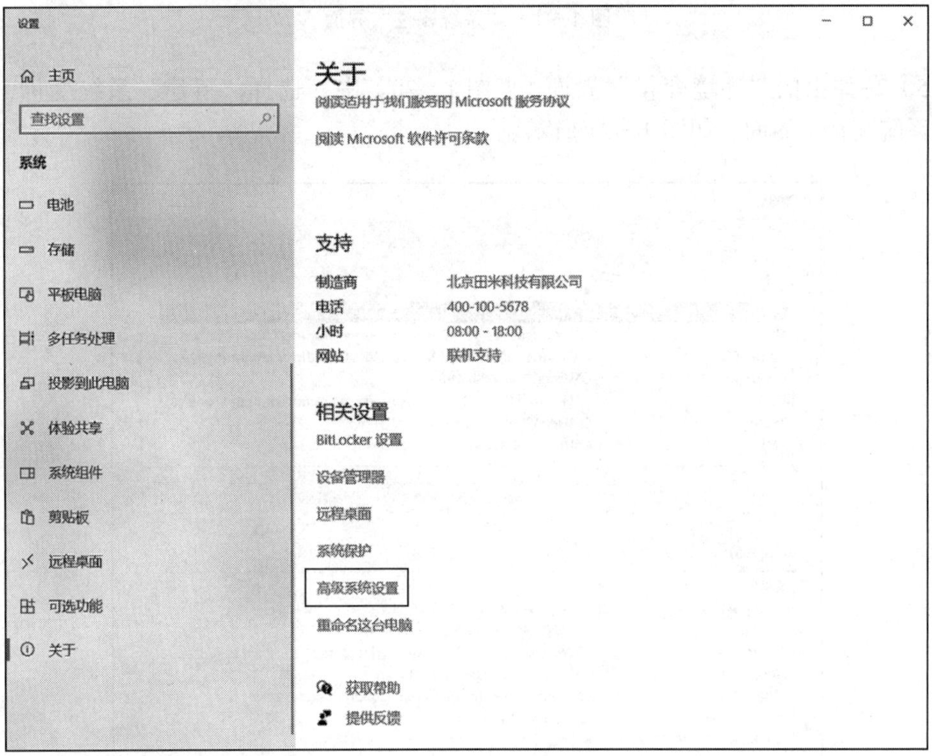

图 1－18　“属性”界面

（4）在弹出的“系统属性”界面中，打开“高级”选项卡，选择“环境变量 (N)…”，如图 1－19 所示。

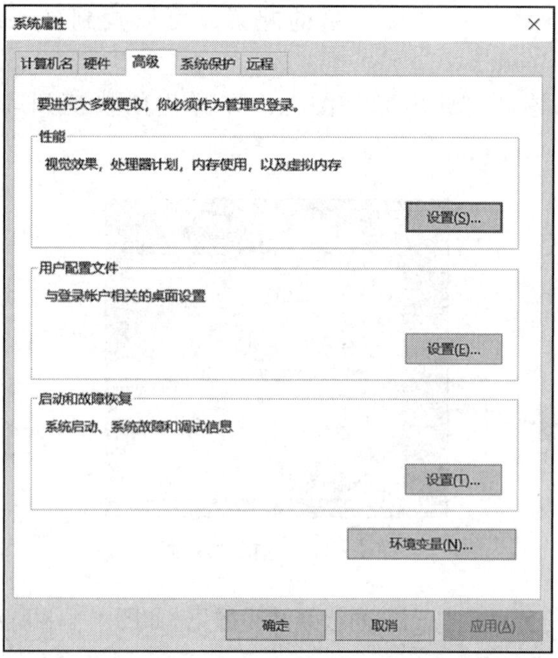

图 1－19 “系统属性”界面

（5）在弹出的“环境变量”界面（见图 1－20）中，选择“新建”系统变量，弹出“新建系统变量”界面，如图 1－21 所示。

图 1－20 “环境变量”界面

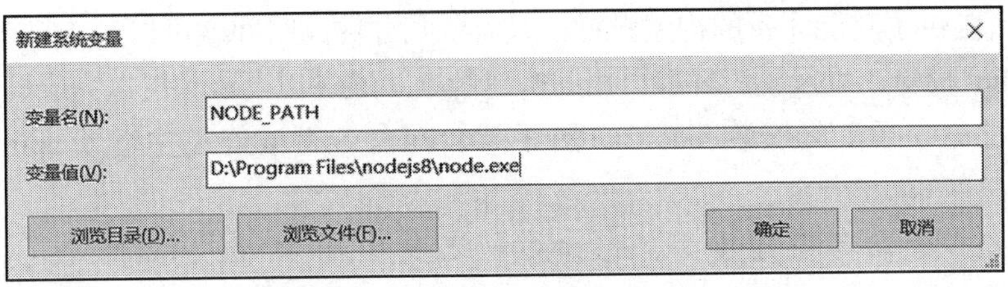

图 1－21 “新建系统变量”界面

（6）在“新建系统变量”界面中，在变量名和变量值处分别输入“NODE_PATH”和它的真实路径，之后在命令行工具中使用 node -v 命令即可查询结果。如果 NPM 包管理工具也是安装成功了但是无法使用，用同样的方法配置环境变量即可。

1.2.6 Vue.js 环境的安装

在开始使用 Vue.js 之前，我们需要先安装 Vue.js。安装 Vue.js 有两种方式，分别为使用 CDN 和 NPM 引入 Vue.js 库。

1. 使用 CDN 引入 Vue.js 库（在线引入）

当使用 CDN 引入 Vue.js 库时，只需要在 HTML 文件中添加 <script> 标签，并引入相应的路径即可。

```
<!DOCTYPE html>
<html lang="en">
<head>
  <meta charset="UTF-8">
  <meta http-equiv="X-UA-Compatible" content="IE=edge">
<meta name="viewport" content="width=device-width, initial-scale=1.0">
<script src="https://cdn.jsdelivr.net/npm/vue/dist/vue.js"></script>
</head>
<body></body>
</html>
```

2. 使用 NPM 引入 Vue.js 库

除了通过 CDN 方式获取 Vue.js 文件外，我们还可以使用 NPM 来安装 Vue.js。在已经安装了 Node.js 环境的基础上，打开命令行工具，通过以下步骤进行具体操作：

（1）通过 NPM 初始化项目，在命令行工具中输入 npm init 命令。

（2）通过 NPM 为当前项目生产环境下载并安装 Vue.js 库，在命令行工具中输入 npm install vue --save 命令。

1.2.7 安装 Vue CLI 脚手架，并创建 Vue 项目

Vue.js 提供了一个官方的 CLI，为单页应用（SPA）快速搭建繁杂的脚手架。它为现

代前端工作流提供了功能完备的构建设置；只需要几分钟的时间就可以运行起来并带有热重载、保存时 lint 校验，以及生产环境可用的构建版本。通过以下步骤可以完成具体的操作：

（1）通过命令行工具安装 Vue CLI 脚手架，在命令行或终端中输入 npm install -g @vue/cli 命令。

（2）通过 Vue 命令创建项目，在命令行工具中输入 vue create myapp，创建名为 myapp 的项目。

（3）进入项目文件夹，在命令行工具中输入 cd myapp 命令。

（4）通过命令运行项目，在命令行工具中输入 npm run serve 来运行项目。

1.2.8 实验小结

本节实验主要讲述 Visual Studio Code 编辑器、Node.js 环境、NPM 包管理工具的安装，以及关于 Vue.js 框架的各种引入使用方式。通过本节的学习，我们可以很好地理解和安装 Node.js 环境并引入 Vue.js 框架。

1.3 第一个 Vue 案例

此处可参看视频：

1－3 第一个 Vue 案例

下面我们创建一个简单的 Vue.js 实例，并在页面上输出“Hello World”，开启 Vue.js 编程之旅。

代码环境：Windows 10 系统；Visual Studio Code 编辑器（以下简称 VS Code）。

（1）在 D 盘中创建文件夹 vue。

（2）打开 VS Code 编辑器，在“File”的下拉菜单中选择“Open Folder...”，如图 1－22 所示。

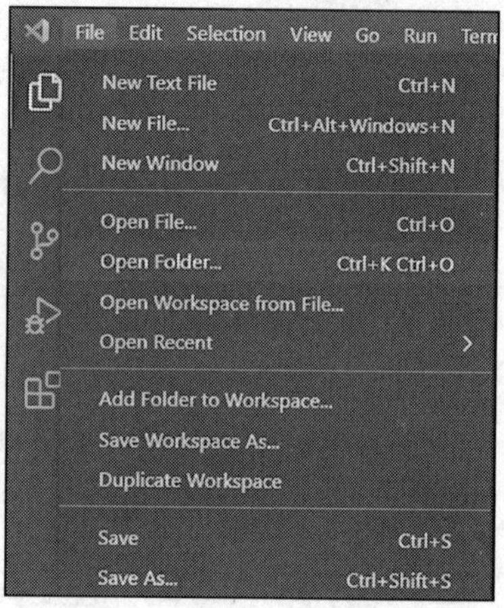

图 1－22 选择“Open Folder...”

（3）在弹出的“打开文件夹”界面中，找到所创建的 vue 文件夹并打开。

（4）在 VS Code 编辑器界面的左侧“EXPLORER”列表中，会出现“VUE”项目，选择项目名称右侧的第一个图标“New File...”，如图 1－23 所示。

（5）在“VUE”项目名称下会创建一个文件，将文件名设置为“HelloWorld.html”，并打开文件。

（6）在 HelloWorld.html 文件中使用 <script> 标签引入 Vue.js，并完成编码。

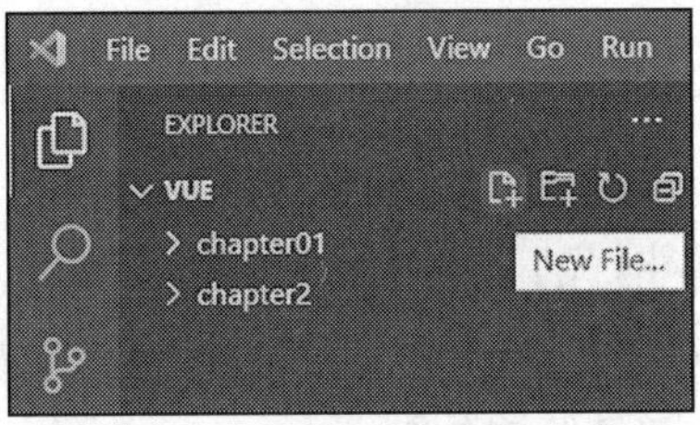

图 1－23　选择图标“New File...”

```
<!DOCTYPE html>
<html lang="en">
<head>
    <meta charset="UTF-8">
    <title>第一个 Vue 案例 </title>
    <!-- 第一步，引入 Vue.js-->
    <script src="https://cdn.jsdelivr.net/npm/vue/dist/vue.js"></script>
</head>
<body>
    <!-- 第二步，提供一个需要渲染的 DOM-->
    <div id="app">
        {{ msg }}<br />
    </div>
    <script>
        // 第三步，这里使用 <script> 标签封装 Vue 代码
var app = new Vue({
            el: '#app', // 用来指定渲染的 DOM
            data: {     // 数据
                msg: 'Hello World!'
            }
        });             // 这是一个 Vue 案例，其中需要指定 json 数据，有很多 options
    </script>
</body>
</html>
```

（7）在浏览器中打开 HelloWorld.html 文件，运行结果如图 1－24 所示。

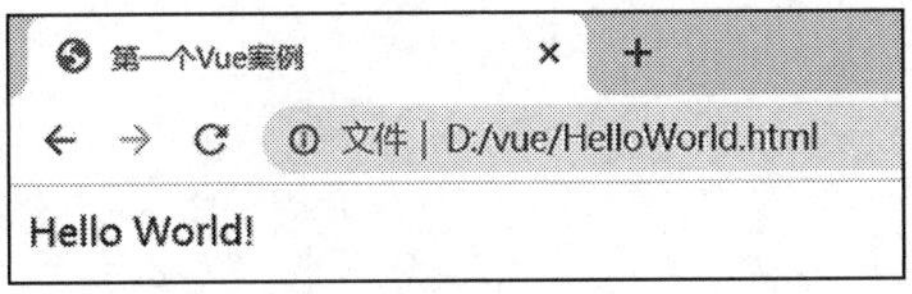

图 1－24　运行结果

项目小结

本项目主要介绍了前端技术的发展史、MVVM 框架、什么是 Vue、Vue 的优势及 Vue 开发环境的搭建，最后基于搭建好的开发环境，实现了 Vue.js 的第一个案例。通过本项目的学习，读者可以了解前端技术的发展史，对 Vue.js 有一个整体的认识，并能够搭建 Vue 的开发环境，为后续的开发奠定良好的基础。

习　题

一、填空题

1. MVC 模式主要包括三个部分，分别是：________、________和________。
2. MVVM 模式主要包括三个部分，分别是：________、________和________。
3. Vue.js 是一套构建________的渐进式框架。

二、判断题

1. Vue.js 的核心只关注视图层。　(　　)
2. NPM 包管理器是基于 Node.js 平台使用的。　(　　)
3. Vue.js 与 Angular 都可以用来创建复杂的前端项目。　(　　)

三、简答题

1. 请简述什么是 Vue.js。
2. Vue.js 有什么优势？

四、实操题

使用 Vue.js 创建一个页面，效果如图 1-25 所示。

图 1-25　页面效果

项目2 Vue 指令

Vue.js 提供了许多指令来帮助开发者更高效地进行网页开发，这些指令可以将自己与一个 Vue.js 实例上的属性绑定，也可以与一个实例作用域中的表达式绑定，用于在 HTML 中实现交互、数据绑定等功能。本项目主要介绍 Vue 常用指令，并通过在 HTML 标签上添加特殊属性的方式来实现不同的功能。

知识目标 1

- 掌握 v-if、v-else 和 v-show 指令的使用
- 掌握 v-for 指令的使用
- 掌握 v-on 指令的使用
- 掌握 v-on 指令的事件修饰符的应用
- 掌握 v-model 指令的使用
- 掌握 v-bind 指令的使用
- 掌握文本插值的使用
- 掌握 v-pre、v-cloak 和 v-once 指令的使用
- 掌握 v-text 和 v-html 指令的使用

能力目标 2

- 具备在项目中熟练使用 Vue 指令的能力
- 具备使用文本插值的能力

素养目标 3

- 培养端正的学习态度
- 培养良好的动手实践能力
- 培养在项目开发中的团结协作精神

2.1 v-if、v-else 和 v-show 指令

2.1.1 v-if 指令

此处可参看视频：

2－1 v-if 指令

v-if 指令是 Vue.js 中的条件指令，用于条件性地动态控制渲染一块内容，这块内容根据指令表达式的布尔值判断是否被渲染，当指令的表达式为 true 时显示标签内容，当指令的表达式为 false 时隐藏标签内容。v-if 指令是“真正”的条件渲染，因为它会确保在切换过程中条件块内的事件监听器和子组件适当地被销毁和重建。v-if 指令也是惰性的，如果在初始渲染时条件为假，则什么也不做，直到条件第一次变为真时，才会开始渲染条件块。

需要注意的是，v-if 指令所关联的是 Vue.js 的动态变量。v-if 指令的使用一般有两个场景：一是通过条件判断显示或隐藏某个元素或者多个元素时；二是视图之间进行切换的时候。

【实例 2－1】根据变量的变化，使用 v-if 指令进行值的判断并显示。

（1）利用 <script> 标签引入 Vue.js，实现基本的 Vue 项目。

（2）定义变量 msg。

（3）使用 v-if 指令判断变量 msg 的值，并进行显示。

```
<!DOCTYPE html>
<html>
<head>
    <meta charset="UTF-8">
    <title>demo01</title>
<script type="text/javascript" src="js/vue.js" ></script>
</head>
<body>
    <div id="app">
    <p v-if="msg==1">msg 值和 1 相等 </p>
    <p v-if="msg==2">msg 值和 2 相等 </p>
    </div>
<script>
        var vm = new Vue({
        el:'#app',
        data:{
            msg:'1'
        }
        });
```

```
    </script>
</body>
</html>
```

运行效果如图 2－1 所示。

在上面的例子中，msg 是 Vue.js 中定义的一个变量，msg 的值为 1。表达式 msg==1 的值为 true，即第一个 v-if 指令的值为 true，页面中显示“msg 值和 1 相等”；表达式 msg==2 的值为 false，即第二个 v-if 指令的值为 false，“msg 值和 2 相等”不会显示在页面中。

图 2－1 v-if 指令运行效果

2.1.2 v-else 指令

页面中有时候需要根据多个条件来渲染页面元素，这时就可能会用到 v-else 指令。v-else 指令紧跟在 v-if 指令或 v-else-if 指令之后。当 v-if 指令或 v-else-if 指令后的表达式的布尔值为 false 时，v-else 指令才会执行，即显示 v-else 指令后的内容，否则 v-else 指令不执行，其后面的内容也不会在页面中显示出来。

v-else-if 指令用在多个判断语句中，放在 v-if 指令的后面，充当 v-if 指令的“else-if 块”，可以连续多次重复使用。当 v-else-if 指令后的表达式的布尔值为 true 时，页面中会显示该指令标签中的内容；反之，当 v-else-if 指令后的表达式的布尔值为 false 时，页面中不会显示该指令标签中的内容。

【实例 2－2】根据变量的变化，使用 v-if、v-else-if 和 v-else 指令进行值的切换显示。

（1）利用 <script> 标签引入 Vue.js。

（2）定义变量 show。

（3）使用 v-if、v-else-if 和 v-else 指令进行值的切换显示。

```
<!DOCTYPE html>
<html>
<head>
    <meta charset="UTF-8">
    <title>demo02</title>
    <script type="text/javascript" src="js/vue.js" ></script></head>
<body>
    <div id="root">
        <div v-if="show===a">This is A</div>
        <div v-else-if="show===b">This is B</div>
        <div v-else>This is others</div>
    </div>
<script>
        var vm=new Vue({
            el:root,
```

```
                data:{
                        show: true
                }
        })
    </script>
</body>
</html>
```

运行效果如图 2－2 所示。

图 2－2　v-if、v-else-if 和 v-else 指令运行效果

在上面的例子中，show 是 Vue.js 中定义的一个变量，show 的值为 true。表达式 show===a 的值为 false，即 v-if 指令的值为 false，页面中不会显示该指令标签的内容；表达式 show===b 的值为 false，即 v-else-if 指令的值为 false，页面中也不会显示该指令标签的内容；因此，执行 v-else 指令，该指令标签中的内容“This is others”显示在页面中。

2.1.3　v-show 指令

v-show 指令是 Vue.js 中的另一个条件渲染语句，用于根据条件来显示 DOM 元素，可以通过改变元素的 CSS 属性（display）来动态控制元素是显示还是隐藏。v-show 指令的用法与 v-if 指令的用法大致一样，指令后面跟的是判断条件，不管初始条件是什么，元素总是会被渲染。

【实例 2－3】根据变量的变化，使用 v-show 指令进行值的切换显示。

（1）利用 <script> 标签引入 Vue.js。

（2）定义变量 flag。

（3）使用 v-show 指令进行值的切换显示。

```
<!DOCTYPE html>
<html>
<head>
<meta charset="UTF-8">
    <title>demo03</title>
    <script type="text/javascript" src="js/vue.js"></script>
</head>
<body>
    <div id="app">
        <input type="button" value=" 切换 " @click="flag=!flag" />
        <div v-if="flag"> 这是条件渲染元素 </div>
        <div v-show="flag"> 这是条件渲染元素 </div>
    </div>
<script>
```

```
        var vm = new Vue({
            el: '#app',
            data: {
                flag: false
            },
    methods:{
                toggle(){
                    this.flag=!this.flag;
                }
            }
    });
    </script>
    </body>
    </html>
```

运行效果如图 2－3 所示。

单击切换按钮，运行效果如图 2－4 所示。

图 2－3　v-show 指令运行效果 1

图 2－4　v-show 指令运行效果 2

在上面的例子中，flag 是 Vue.js 中定义的一个变量，flag 的初始值为 false，即 v-if 指令和 v-show 指令中表达式的值都是 false，因此这两个标签中的内容都不会显示在页面中，如图 2－3 所示。在单击“切换”按钮后，flag 的值变为 true，这时 v-if 指令和 v-show 指令中表达式的值都是 true，因此这两个标签中的内容都会显示在页面中，如图 2－4 所示。

条件渲染 v-if 指令和 v-show 指令都可以用来动态地控制 DOM 元素的显示和隐藏。需要注意的是，v-if 指令是真正的条件渲染，因为它会确保在切换过程中条件块内的事件监听器和子组件适当地被销毁和重建；v-if 指令也是惰性的，如果在初始渲染时条件为假，则什么都不做，直到第一次变为真时才会开始渲染条件块。v-show 指令就简单得多，不管初始条件是什么，元素总是会被渲染，并且只是简单地基于 CSS 进行切换。

一般来说，v-if 指令每次重新删除或者创建元素时，都必须生成元素内部的 DOM 树，有比较高的切换性能的消耗，如果元素设计频繁地切换，最好不使用 v-if 指令；v-show 指令不是每次都重新删除或创建 DOM 元素，只是切换了元素的 display 样式，有较高的初始渲染的消耗。因此，如果需要非常频繁地切换，则使用 v-show 指令比较好；如果在运行时条件很少改变，则使用 v-if 指令比较好，不推荐使用 v-show 指令。

2.2 v-for 指令

此处可参看视频：

2－2 v-for 指令

v-for 指令用来解决模板循环问题，即可以用于渲染列表中的数据，常用来循环数组。通过 v-for 指令，我们可以遍历一个数组并将数组中的元素渲染到页面中，每个渲染出来的元素都可以单独使用，从而可以实现数据显示及分页等功能。

v-for 指令的语法格式为：

```
v-for= “item in items”
```

其中，items 是一个数组或者对象，item 是循环中的当前项。在循环中，可以通过 {{item}} 来输出当前项的值。

v-for 指令还可以使用一个可选的第二个参数来获取当前项的索引，语法格式为：

```
v-for= “(item, index) in items”
```

其中，index 用来获取当前项的索引。

【实例 2－4】使用 v-for 指令进行循环显示。

（1）引入 Vue 框架。

（2）定义变量。

（3）用 v-for 指令进行值的循环显示。

```
<!DOCTYPE html>
<html>
<head>
<meta charset="UTF-8">
    <title>demo04</title>
    <script type="text/javascript" src="js/vue.js"></script>
</head>
<body>
    <div id="app">
        编号：<input type="text" v-model="id" />名字：<input type="text" v-model=
        "name" />
        <input type="button" value=" 添加 " @click="add" />
<!-- 如果不加 key，复选框不会和值进行匹配 -->
        <div v-for="item in list">
            <input type="checkbox" />{{item.id}}---{{item.name}}
        </div>
    </div>
<script>
    var vm = new Vue({
```

```
                el: '#app',
                data: {
    id: '',
                    name: '',
                    list: [{
                        id: 1,
                        name: 'zs'
                    }, {
                        id: 2,
                        name: 'ls'
                    }, {
                        id: 3,
                        name: 'ww'
                    }, {
                        id: 4,
                        name: 'zl'
                    }]
                },
                methods: {
                    add() {
                        this.list.unshift({
                            id: this.id,
                            name: this.name
                        });
    this.id = '';
                        this.name = '';
                    }
                }
            });
        </script>
    </body>
    </html>
```

运行效果如图 2－5 所示。

选择编号为 1 的这条数据之后，再添加一条新的数据，编号为 5，名字为 tq，单击“添加”按钮，运行效果如图 2－6 所示。

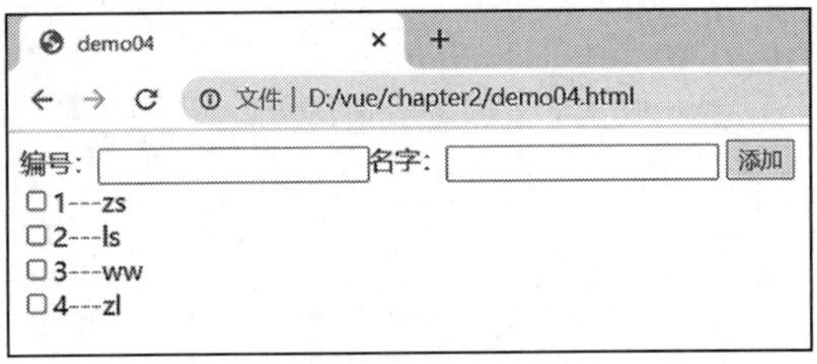

图 2－5　v-for 指令循环运行效果

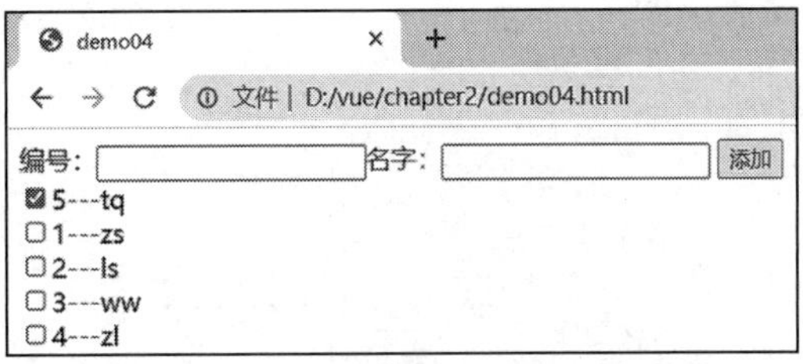

图 2－6　v-for 指令循环变化运行效果

这时，我们会发现新添加的数据变成了新的选项，这是因为数组在进行添加或删除操作时，默认需要把发生改动的项目全部进行重新绘制，复选框不会和值进行匹配，这样造成了资源的浪费。

为了解决 Vue.js 中复用形式造成的渲染数据的问题，可以为每一项单独的数据添加一个 key 属性，用来标识遍历处理的元素，跟踪每个节点的身份，从而提高渲染性能。这样，在遍历时，Vue.js 会自动为每个元素设置一个唯一的 id 值，从而避免重复渲染及错误信息显示的问题。

【实例 2－5】使用 v-for 指令进行显示，加上 key 属性。

（1）引入 Vue 框架。

（2）定义变量。

（3）用 v-for 指令加上 key 属性进行值的循环显示。

```
<!DOCTYPE html>
<html>
<head>
    <meta charset="UTF-8">
    <title>demo05</title>
    <script type="text/javascript" src="js/vue.js"></script>
</head>
<body>
    <div id="app">
        编号: <input type="text" v-model="id" />名字: <input type="text" v-
        model="name" />
        <input type="button" value="添加" @click="add" />
<div v-for="item in list" :key="item.id">
            <input type="checkbox" />{{item.id}}---{{item.name}}
        </div>
    </div>
<script>
var vm = new Vue({
                    el: '#app',
                    data: {
                        id: '', name: '',
                        list: [{
                            id: 1,
                            name: 'zs'
                        }, {
                            id: 2,
                            name: 'ls'
                        }, {
                            id: 3,
                            name: 'ww'
```

```
                        }, {
    id: 4,
                            name: 'zl'
                        }]
    <div v-for="item in list" :key="item.id">
                <input type="checkbox" />{{item.id}}---{{item.name}}
            </div>
        </div>
    <script>
    var vm = new Vue({
                    el: '#app',
                    data: {
                        id: '', name: '',
                        list: [{
                            id: 1,
                            name: 'zs'
                        }, {
                            id: 2,
                            name: 'ls'
                        }, {
                            id: 3,
                            name: 'ww'
                        }, {
    id: 4,
                            name: 'zl'
                        }]
    },
                    methods: {
                        add() {
                            this.list.unshift({
                                id: this.id,
                                name: this.name
                            });
                            this.id = '';
                            this.name = '';
                        }
                    }
                });
        </script>
    </body>
    </html>
```

运行效果如图 2-7 所示。

选择编号为 1 的这条数据之后，再添加一条新的数据，编号为 5，名字为 qw，单击“添加”按钮，这时会发现选中的数据依然为编号为 1 的这条数据，如图 2－8 所示。

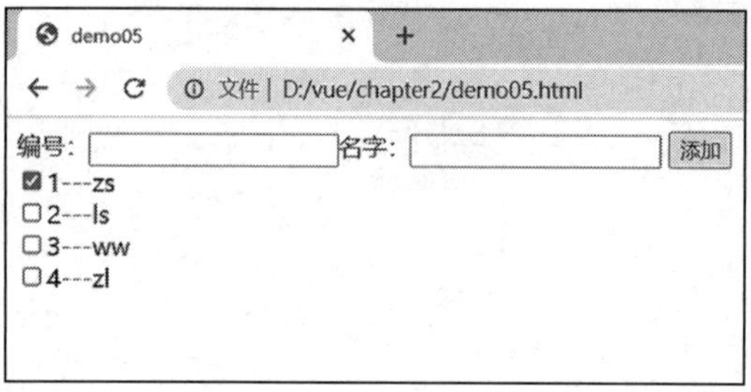

图 2－7　v-for 指令加上 key 属性循环运行效果

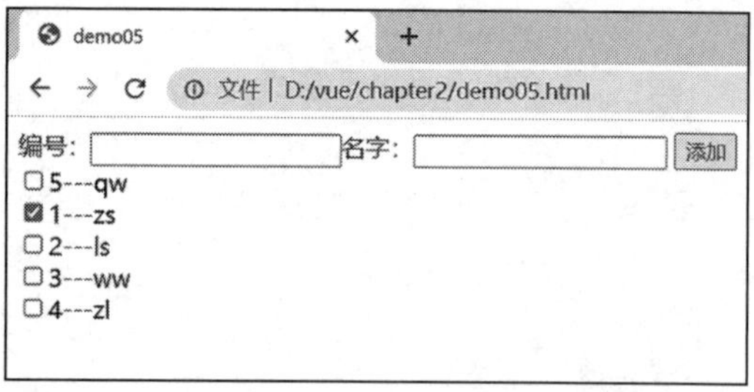

图 2－8　v-for 指令加上 key 属性循环变化运行效果

总体来说，v-for 指令是 Vue.js 中用于渲染循环 DOM 元素的指令，可以遍历数组或者对象的属性，并根据数据的每一项创建相应的 DOM 元素。

2.3 v-on 指令

此处可参看视频：

2－3　v-on 指令

v-on 指令专门用于为元素绑定监听事件，并在触发事件时执行相应的方法或逻辑。v-on 指令的作用是将事件与 Vue.js 实例中的方法进行绑定，实现事件处理和响应。当 v-on 指令绑定的事件被触发之后，会去 Vue.js 实例对象的 methods 中查找对应的函数。v-on 指令支持原生 JavaScript 的所有事件，并且支持参数传递。

直接使用 v-on 指令的语法格式为：

```
v-on: 事件名 = “事件函数”
```

v-on 指令可以简写为“@ 事件名”的形式，如：v-on：click 可以简写为 @click。

【实例 2－6】使用 v-on 指令进行事件绑定。

（1）引入 Vue 框架。

（2）定义变量。

（3）用 v-on 指令绑定事件。

```
<!DOCTYPE html>
<html>
<head>
    <meta charset="UTF-8">
    <title>demo06</title>
    <script type="text/javascript" src="js/vue.js"></script>
```

```
</head>
<body>
<div id="app">
    <!-- 方式 1-->
    <input type="button" value=" 单击有惊喜 " v-on:click="show"/><br />
<!-- 方式 2 缩写，语法 -->
    <input type="button" value=" 单击有惊喜 " @click="show" />
</div>
<script>
        var vm = new Vue({
            el: '#app',
            data: {
                msg: 'hello'
            },
methods: {
                show() {
console.log(' 哈哈 ');
                }
            }
        });
    </script>
</body>
</html>
```

运行效果如图 2-9 所示。

图 2-9　v-on 指令运行效果

控制台的效果如图 2-10 所示。

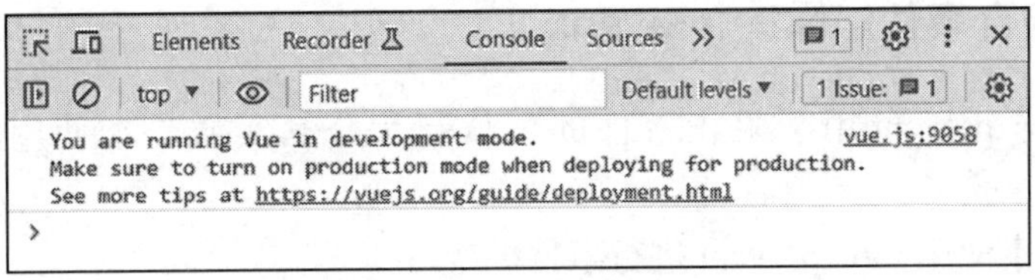

图 2-10　控制台的效果

单击第一个按钮，控制台的效果如图 2-11 所示。

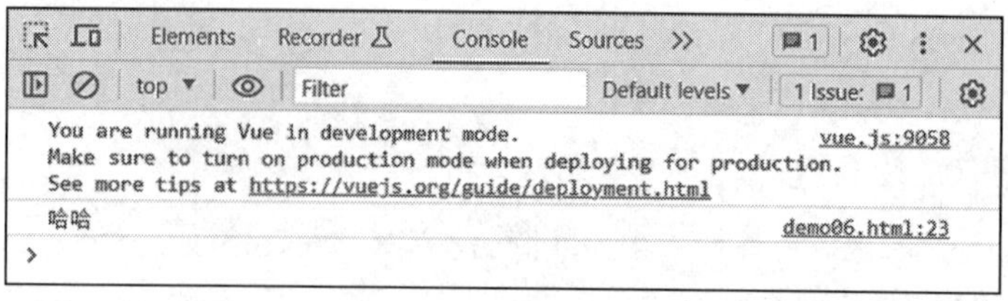

图 2－11　单击第一个按钮后控制台的效果

单击第二个按钮，控制台的效果如图 2－12 所示。

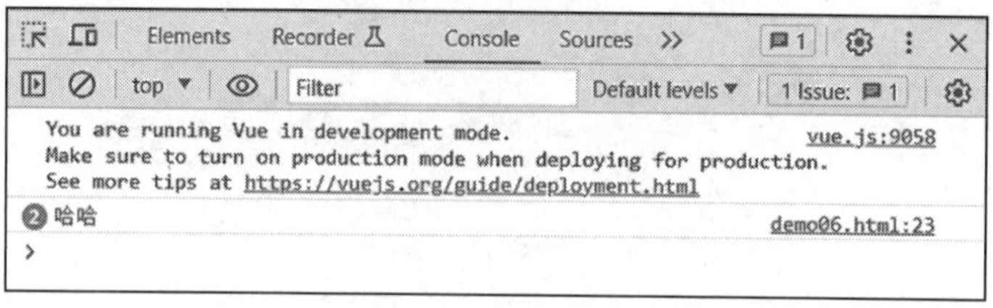

图 2－12　单击第二个按钮后控制台的效果

在事件中有很多东西需要处理，如事件冒泡、事件捕获等，那么在 Vue.js 中如何处理以上内容呢？这里可以通过 v-on 指令的事件修饰符来处理。v-on 指令提供了一些事件修饰符，即自定义事件行为。这些事件修饰符是用来增强事件监听器行为的特别标记。不同的事件修饰符会产生不同的功能，通常搭配 v-on 指令来使用，放在事件之后，用“.”连接，跟随在 v-on 指令后面，用来控制事件的一些额外细节。例如，“v-on:click.once”表示鼠标单击事件仅触发一次。

常用的事件修饰符如表 2－1 所示。

表 2－1　常用的事件修饰符

事件修饰符	作用
.prevent	阻止元素的默认事件
.once	事件只触发一次
.stop	阻止事件冒泡
.self	只有当事件在该元素本身触发时，触发回调
.capture	添加事件监听器，使用事件捕获模式

2.3.1　v-on 配合事件修饰符 .prevent

事件修饰符 .prevent 用于阻止事件的默认行为，其实质是在使用时会调用 event.preventDefault() 事件。

【实例 2－7】使用 v-on.prevent 进行事件绑定。

（1）创建标准 HTML5 页面。

（2）创建 id=“app”的 <div> 标签。

（3）通过 <script> 标签引入 Vue 框架。

（4）在一个新 <script> 标签中创建 Vue 实例对象。

（5）使用 v-on 指令为 <a> 标签绑定单击事件，同时使用事件修饰符 .prevent 限制 <a> 标签单击默认行为的发生。

```
<!DOCTYPE html>
<html lang="en">
<head>
    <meta charset="UTF-8">
    <meta http-equiv="X-UA-Compatible" content="IE=edge">
    <meta name="viewport" content="width=device-width, initial-
    scale=1.0">
    <title>事件修饰符 .prevent</title>
</head>
<body>
    <div id="app">
        <!-- 这个修饰符的作用是用来阻止标签默认行为的 -->
        <!-- a 标签单击后不会有页面跳转行为 -->
        <a href="http://www.sohu.com" @click.prevent="run">调用方法 </a>
    </div>
<script src="https://cdn.jsdelivr.net/npm/vue/dist/vue.js"></script>
<script>
        new Vue({
            el:'#app',
            data:{
                msg:'happy'
},
            methods:{
                run(){
                    alert(this.msg);
                }
            }
        })
    </script>
</body>
</html>
```

运行效果如图 2－13 所示。

图 2－13　事件修饰符 .prevent 运行效果

单击页面中的“调用方法”链接，运行效果如图 2－14 所示。

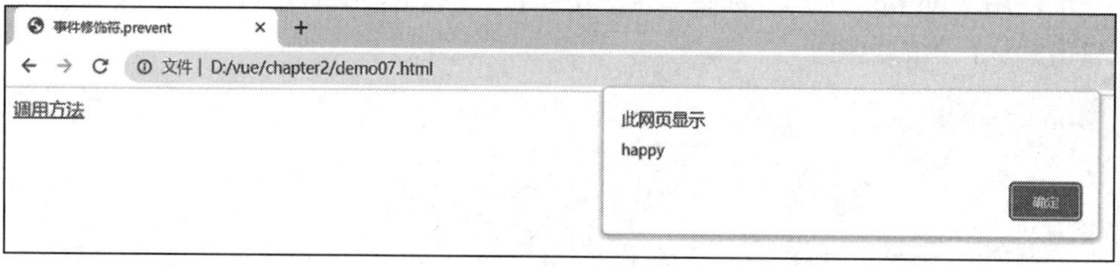

图 2－14　单击“调用方法”链接的运行效果

在上面例子中，单击链接并没有实现页面的跳转，这是因为在 <a> 标签中通过事件修饰符 .prevent 阻止了链接的默认跳转行为。

2.3.2　v-on 配合事件修饰符 .once

事件修饰符 .once 用来限制事件只触发一次，阻止事件被多次触发。

【实例 2－8】使用 v-on.once 进行事件绑定。

（1）创建标准 HTML5 页面。

（2）创建 id=“app”的 <div> 标签。

（3）通过 <script> 标签引入 Vue 框架。

（4）在一个新 <script> 标签中创建 Vue 实例对象。

（5）使用 v-on 指令为 <a> 标签绑定单击事件，同时使用事件修饰符 .once 限制 <div> 标签绑定的单击事件只绑定和执行一次。

```
<!DOCTYPE html>
<html lang="en">
<head>
    <meta charset="UTF-8">
    <meta http-equiv="X-UA-Compatible" content="IE=edge">
    <meta name="viewport" content="width=device-width, initial-
    scale=1.0">
</head>
<body>
    <div id="app">
        <!-- 这个修饰符的作用是事件只触发一次 -->
        <button @click.once="run"> 调用方法 </button>
    </div>
    <script src="https://cdn.jsdelivr.net/npm/vue/dist/vue.js"></script>
    <script>
        new Vue({
            el: '#app',
            data: {
                msg: 'happy'
```

```
            },
            methods: {
                run() {
                    alert(this.msg);
                }
            }
        })
    </script>
</body>
</html>
```

运行效果如图 2－15 所示。

图 2－15　事件修饰符 .once 运行效果

单击“调用方法”按钮，页面中会弹出提示框，运行效果如图 2－16 所示。

图 2－16　单击“调用方法”按钮的运行效果

单击提示框中的“确定”按钮，再次单击“调用方法”按钮时，则不会再弹出提示框，这是因为 <button> 标签中的事件修饰符 .once 限定鼠标单击事件仅触发一次。

2.3.3　v-on 配合事件修饰符 .stop

事件修饰符 .stop 用来阻止事件冒泡，其实质是在使用时会调用 event.preventDefault() 事件。默认情况下，如果嵌套的元素都监听了相同的事件，那么会触发事件冒泡。如果用户想阻止事件冒泡，那么可以使用事件修饰符 .stop。

【实例 2－9】使用 v-on.stop 进行事件绑定。

（1）创建标准 HTML5 页面。

（2）创建 id=“app”的 <div> 标签。

（3）通过 <script> 标签引入 Vue 框架。

（4）在一个新 <script> 标签中创建 Vue 实例对象。

（5）使用 v-on 指令为 <a> 标签绑定单击事件，同时使用事件修饰符 .stop 限制 <div>

标签单击事件不会产生事件的冒泡。

```
<!DOCTYPE html>
<html lang="en">
<head>
    <meta charset="UTF-8">
    <meta http-equiv="X-UA-Compatible" content="IE=edge">
    <meta name="viewport" content="width=device-width, initial-scale=1.0">
</head>
<body>
    <div id="app">
        <!-- 这个修饰符的作用是阻止冒泡行为的发生 -->
        <div @click="run">
            <!-- 没有事件修饰符 .stop，单击内部 div 事件冒泡到外层 div，外层 div 的
            单击事件也会被触发 -->
            <div class="in" @click.stop="run2"> 调用方法 </div>
        </div>
    </div>
    <script src="https://cdn.jsdelivr.net/npm/vue/dist/vue.js"></script>
    <script>
        new Vue({
            el: '#app',
        methods: {
run() {
                alert('这里是外层 div');
            },
            run2() {
                alert('这里是内层 div');
            }
        }
        })
    </script>
</body>
</html>
```

运行效果如图 2－17 所示。

单击"调用方法"标签，则会弹出如图 2－18 所示的提示框，单击提示框中的"确定"按钮。再次单击页面中的"调用方法"标签，这时没有任何响应，即 run() 方法没有执行，这是因为有了事件修饰符 .stop，单击内部 div 事件时，阻止冒泡到外层 div，外层 div 的单击事件也就不会被触发了。

图 2－17　事件修饰符 .stop 运行效果

图 2－18　单击“调用方法”标签运行效果

2.3.4　v-on 配合事件修饰符 .self

事件修饰符 .self 用来限定只有事件在该元素本身（如不是子元素）触发时，才会触发回调。

【实例 2－10】使用 v-on.self 进行事件绑定。

（1）创建标准 HTML5 页面。

（2）创建 id=“app” 的 <div> 标签。

（3）通过 <script> 标签引入 Vue 框架。

（4）在一个新 <script> 标签中创建 Vue 实例对象。

（5）使用 v-on 指令为 <a> 标签绑定单击事件，同时使用事件修饰符 .self 限制 <div> 标签单击事件，只有单击当前自身元素对象时才会触发单击事件和执行回调函数。

```
<!DOCTYPE html>
<html lang="en">
<head>
    <meta charset="UTF-8">
    <meta http-equiv="X-UA-Compatible" content="IE=edge">
    <meta name="viewport" content="width=device-width, initial-scale=1.0">
</head>
<body>
    <div id="app">
<!-- 这个修饰符的作用是只有单击自身元素对象的时候才会触发事件，单击内部子辈节点无效 -->
        <div @click.self="run">
            parent
            <div class="in" @click="run2">child</div>
        </div>
    </div>
    <script src="https://cdn.jsdelivr.net/npm/vue/dist/vue.js"></script>
    <script>
        new Vue({
            el: '#app',
            methods: {
                run() {
                    alert('parent');
```

```
                    },
                    run2() {
                        alert('child');
                    }
                }
            })
        </script>
    </body>
    </html>
```

运行效果如图 2－19 所示。

图 2－19　事件修饰符 .self 运行效果

单击页面中的“child”标签，这时则会弹出如图 2－20 所示的提示框；单击提示框中的“确定”按钮，这时没有再弹出提示框，即 run() 方法没有执行，这是因为有了事件修饰符 .self，只有单击元素自身才会触发事件，单击内部子辈节点无效。

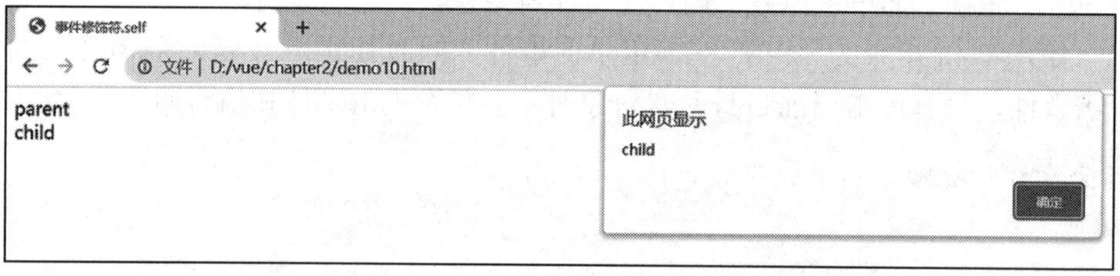

图 2－20　单击“child”标签运行效果

2.4　v-model 指令

表单提交是开发中非常常见的功能，也是和用户交互的重要手段。例如，用户在注册、登录时，需要提交账户和密码；用户在检索、创建及更新信息时，需要提交一些数据等，这些都要求我们可以在代码逻辑中获取用户提交的数据，这时我们就可以使用 v-model 指令来完成。

此处可参看视频：

2－4　v-model 指令

v-model 指令是 Vue.js 中最常用的指令之一，可以方便地实现数据的双向绑定。所谓双向绑定，指的是数据可以在两个方向上流动，即可以将用户输入的数据同步到模型中，也可以将模型中的数据同步到视图中。

v-model 指令通常用在 Vue.js 的表单输入元素上，例如，输入框

（input、text、password 等）、下拉框（select）、单选按钮（radio）及复选框（checkbox）等，可以在这些元素上创建数据双向绑定，并且会根据控件类型自动选取正确的方法来更新元素。

【实例 2－11】使用 v-model 指令进行事件双向绑定。

（1）引入 Vue 框架。

（2）定义变量。

（3）用 v-model 指令进行事件双向绑定。

```
<!DOCTYPE html>
<html>
<head>
    <meta charset="UTF-8">
    <script type="text/javascript" src="js/vue.js"></script>
    <title></title>
</head>
<body>
    <div id="app">
        单向的数据绑定 M->V<br />
        <input type="text" v-bind:value="msg" /> <br />
双向的数据绑定 M<->V<br />
        <input type="text" v-model="msg" /><br />
    </div>
<script>
        var vm = new Vue({
            el: '#app',
            data: {
                msg: '哈哈'
            }
        });
    </script>
</body>
</html>
```

运行效果如图 2－21 所示。

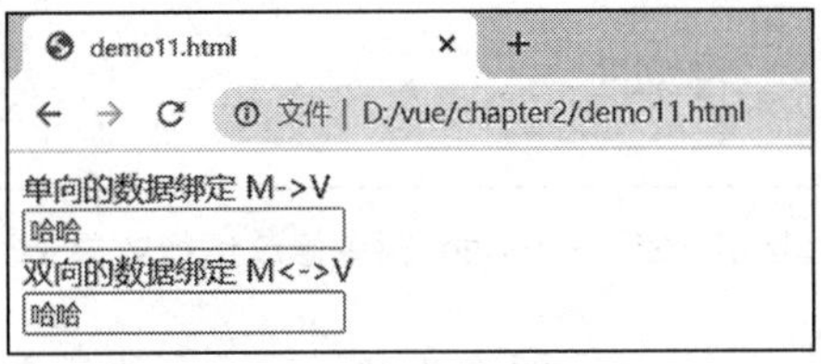

图 2－21　v-model 指令运行效果

在控制台中输入 vm.msg，则控制台中的输出效果如图 2－22 所示。

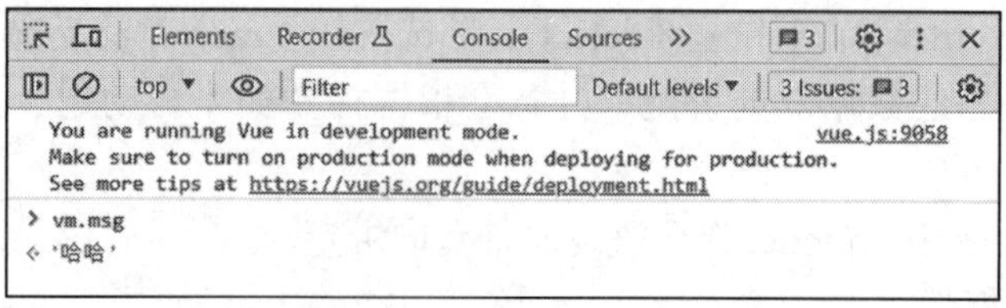

图 2-22　在控制台输入 vm.msg 的输出效果

修改第一个文本框中的内容，此时，第二个文本框中的内容并没有发生变化，效果如图 2-23 所示。

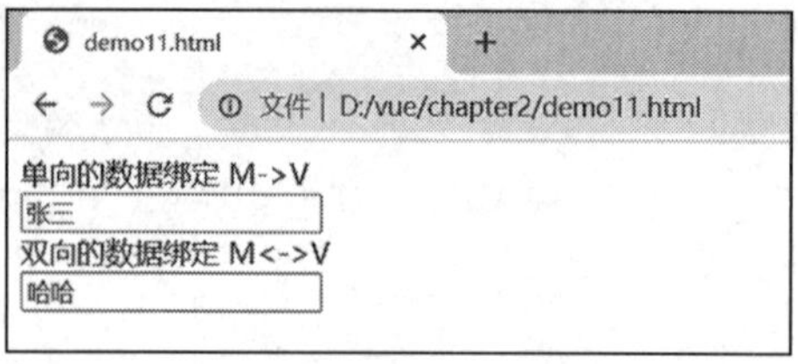

图 2-23　v-model 指令修改运行效果 1

在控制台中输入 vm.msg，这时会发现 vm.msg 的值并没有发生变化，控制台中的输出效果如图 2-24 所示。

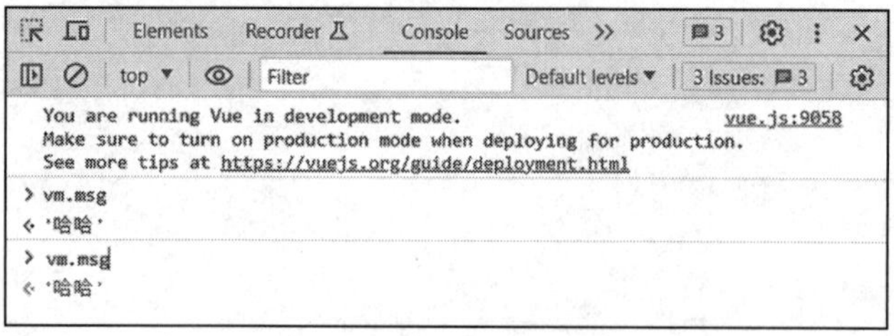

图 2-24　v-model 指令修改后控制台输出效果 1

修改第二个文本框中的内容，此时，第一个文本框中的内容也随之发生变化了，运行效果如图 2-25 所示。

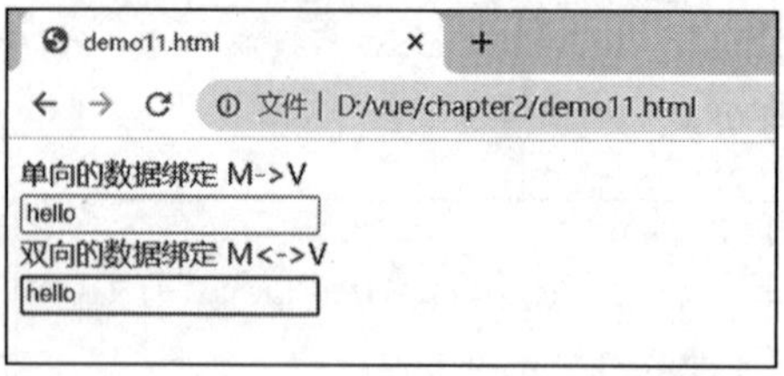

图 2-25　v-model 指令修改运行效果 2

在控制台中再次输入 vm.msg，这时会发现 vm.msg 的值也发生了变化，控制台中的输出效果如图 2-26 所示。

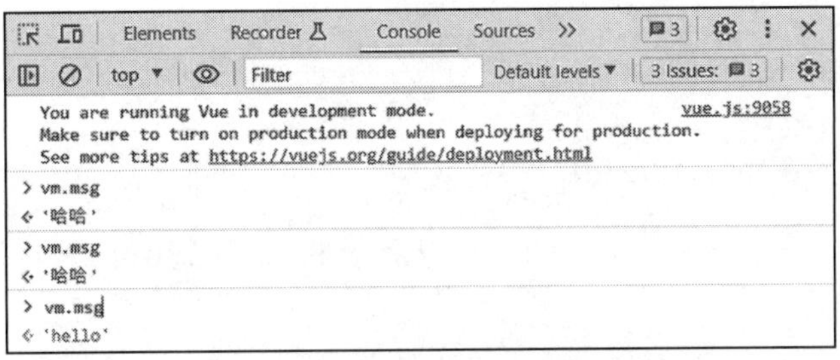

图 2－26　v-model 指令修改后控制台输出效果 2

从上面的例子中，我们可以发现 v-model 指令实现的数据绑定是双向的，既可以从数据源流向视图层，也可以从视图层流向数据源。

下面我们借助 v-model 指令可以实现表单元素和数据的双向绑定功能，实现一个简单的计算器。

【实例 2－12】使用 v-model 指令进行简单的计算器应用。

（1）创建 id=“app”的 <div> 标签。

（2）通过 <script> 标签引入 Vue 框架。

（3）在一个新 <script> 标签中创建 Vue 实例对象。

（4）引入 Vue 框架，写好 HTML 结构。

（5）使用 v-model 指令为所有 input 框和 data 中的数据变量实现双向绑定。

（6）为计算按钮书写单击事件及回调，以及计算逻辑。

实现简单的计算器应用的代码如下：

```
<!DOCTYPE html>
<html lang="en">
<head>
    <meta charset="UTF-8">
<meta http-equiv="X-UA-Compatible" content="IE=edge">
    <meta name="viewport" content="width=device-width, initial-scale=1.0">
    <title>使用 v-model 指令实现简单的计算器应用 </title>
</head>
<body>
    <div id="app">
        <input type="text" v-model="n1">
        <select v-model="opt">
            <option value="+">+</option>
            <option value="-">-</option>
            <option value="*">*</option>
            <option value="/">/</option>
        </select>
        <input type="text" v-model="n2">
        <input type="button" value="=" @click="calc">
        <input type="text" v-model="result">
```

```
    </div>
    <script src="https://cdn.jsdelivr.net/npm/vue/dist/vue.js"></script>
<script>
//创建 Vue 实例，得到 ViewModel
        var vm = new Vue({
el: '#app',
            data: {
                n1: 0,
                n2: 0,
                result: 0,
                opt: '+'
            },
            methods: {
                calc() { //计算器算数的方法
                    console.log(this.opt);
                    //逻辑:
                    switch (this.opt) {
                        case '+':
                    this.result = parseInt(this.n1) + parseInt(this.n2)
                            break;
                        case '-':
                    this.result = parseInt(this.n1) - parseInt(this.n2)
                            break;
                        case '*':
                    this.result = parseInt(this.n1) * parseInt(this.n2)
                            break;
                        case '/':
this.result = parseInt(this.n1) / parseInt(this.n2)
                            break;
                    }
                }
            }
        });
    </script>
</body>
</html>
```

在本例中，通过 v-model 指令的双向数据绑定实现了一个简单的计算器应用，运行结果如图 2－27 所示。

图 2－27　简单的计算器应用运行结果 1

将第一个操作数设置为“4”，第二个操作数设置为“5”，运算类型设置为乘法“*”，单击“=”按钮，则运行结果为“20”，如图 2-28 所示。

图 2-28 简单的计算器应用运行结果 2

在控制台中分别查看两个操作数及计算结果的值，如图 2-29 所示。

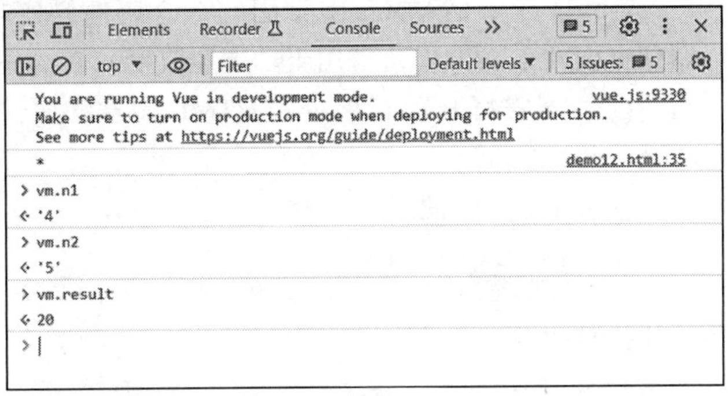

图 2-29 在控制台查看操作数及计算结果的值

在控制台中将第一个操作数的值修改为 10，如图 2-30 所示。

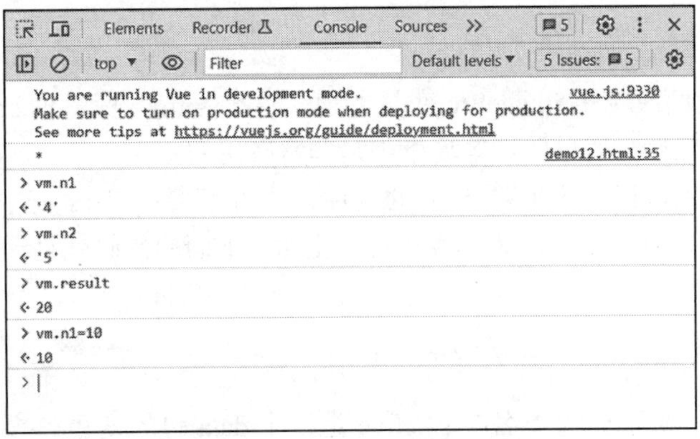

图 2-30 在控制台中将第一个操作数的值修改为 10

在页面中，我们会发现第一个操作数的值也发生了变化，如图 2-31 所示。

图 2-31 第一个操作数的值发生变化

从上述例子中可以发现，当修改页面中输入框内的数据时，data 中的数据也发生了变化；当修改 data 中的数据时，页面中输入框内的数据也随之变化，因此，通过 v-model 指令可以有效地实现双向数据绑定。

2.5 v-bind 指令

此处可参看视频：

2-5　v-bind 指令

v-bind 指令是 Vue.js 中常用的一个属性绑定指令，用于绑定数据到页面元素属性中，常用于动态地改变元素的属性。在使用 v-bind 指令时，需要将其动态绑定到 HTML 元素的属性上，如 src、style、class、title 等。

v-bind 指令的使用方法为：

```
v-bind：属性名；
```

也可以进行简写，简化写法为：

```
：属性名；
```

例如，我们可以使用下面代码将一个 <img> 标签的 src 属性动态绑定到 data 中的 imageSrc 变量，写法为：

```
<img v-bind:src="imageSrc">
```

这样，只要我们改变了 imageSrc 变量的值，这个 <img> 标签的 src 属性就会随之变化。这在实现图片轮播、表单验证等场景中是非常有用的。

v-bind 指令不仅可以绑定 HTML 上的属性，还可以绑定 class。这样，我们就可以根据数据的不同来动态地添加或删除一些样式。比如，下面的代码就是动态地添加或删除一个 active 类：

```
<div v-bind:class="{active:isActive}"></div>
```

其中，active 是要添加的类名，isActive 是一个 data 中的变量，根据 isActive 的值不同，这个 <div> 标签就会动态地添加或删除 active 类。

除了 class，还可以使用 v-bind 指令绑定 style。这样就可以动态地改变一个元素的样式。比如，下面的代码可以改变一个 <div> 标签的背景色：

```
<div v-bind:style="{backgroundColor: bgColor}"></div>
```

其中，backgroundColor 是 CSS 中的属性名，bgColor 是 data 中的变量，根据 bgColor 的值不同，这个 <div> 标签就会动态地改变背景色。

【实例 2-13】使用 v-bind 指令进行属性绑定。

（1）引入 Vue 框架。

（2）定义变量。

（3）使用 v-bind 指令进行属性绑定。

```
<!DOCTYPE html>
<html>
<head>
    <meta charset="UTF-8">
    <script type="text/javascript" src="js/vue.js"></script>
    <title>demo13</title>
</head>
<body>
    <div id="app">
        <input v-bind:value="msg">
    </div>
    <script>
        var vm = new Vue({
            el: '#app',
            data: {
                msg:'v-bind指令'
            }
        });
    </script>
</body>
</html>
```

运行效果如图 2－32 所示。

图 2－32　v-bind 指令运行效果

在控制台中查看 vm.msg 的值，结果显示如图 2－33 所示。

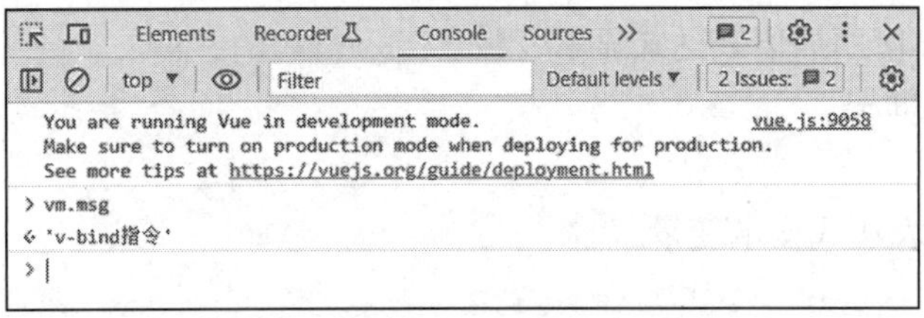

图 2－33　在控制台中查看 vm.msg 的值

在控制台中修改 vm.msg 的值，将其修改为“ v-bind 是单向绑定”，我们会发现页面的输入框中的内容也自动发生了改变，结果如图 2－34 所示。

将页面的输入框中的内容修改为“ v-bind 只能单向传递”，在控制台中查看 vm.msg 的值，我们会发现其值并没有发生变化，如图 2－35 所示。

图 2－34　v-bind 指令修改运行效果

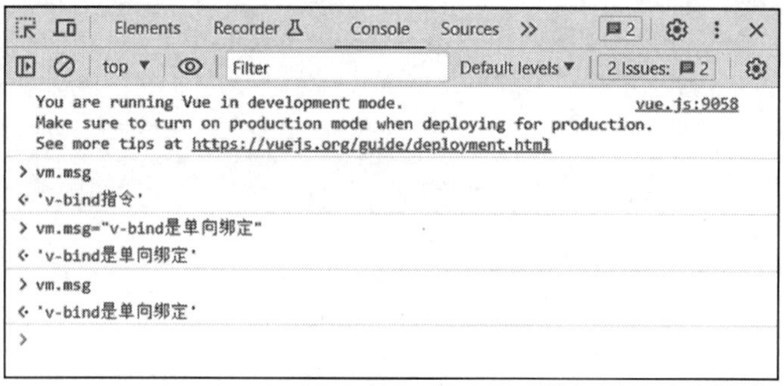

图 2－35　v-bind 指令修改控制台运行效果

可见，v-bind 指令是单向数据绑定，当改变数据时，页面元素也会跟着改变；而当改变页面元素时，数据并不会跟着改变。

2.6 文本插值

文本插值是 Vue.js 中实现数据绑定时非常常见的一种形式，也可以称为 Mustache。使用双大括号“{{}}”是最基本的文本插值方法，会自动将双向绑定的数据实时显示出来。在“{{}}”中，既可以使用简单的绑定属性值，也可以使用由 JavaScript 表达式实现的运算。当其绑定的变量发生变化时，插值的内容也会随之发生变化，也就是数据双向绑定功能。文本插值的使用方法为：

```
{{ 插值表达式 }}
```

【实例 2－14】使用插值表达式显示变量。

（1）引入 Vue 框架。

（2）定义变量。

（3）使用插值表达式显示变量。

```
<!DOCTYPE html>
<html>
<head>
```

```
        <meta charset="UTF-8">
        <script type="text/javascript" src="js/vue.js"></script>
        <title>demo14</title>
    </head>
    <body>
        <div id="app">
            {{msg}}
        </div>
        <script>
            var vm = new Vue({
                el: '#app',
                data: {
                    msg: '中国加油'
                }
            });
        </script>
    </body>
    </html>
```

运行效果如图 2－36 所示。

在上述例子中，通过文本插值 {{msg}}，可以在页面中显示出变量 msg 的值，因此在页面中输出“中国加油”。

插值表达式不仅可以是变量，还可以是四则运算、比较运算符、数值操作、三目运算符、数组操作、对象操作等。

图 2－36 插值表达式运行效果

2.7 v-pre、v-cloak 和 v-once 指令

v-pre、v-cloak 和 v-once 指令是 Vue.js 中可以提高运行效率的内置指令。

2.7.1 v-pre 指令

v-pre 指令用于通知 Vue.js 编译器不要解析指定的元素和它的子元素，跳过它们的编译过程，即不让 Vue.js 解析这个标签元素，而是直接输出到页面中，这样可以提高性能，尤其是对于那些包含复杂表达式或指令的元素，减少不必要的解析，从而提高编译速度。

当一个元素上有 v-pre 指令时，该元素及其子元素会被视为静态内容而直接输出。这意味着在编译时，Vue.js 不会对这些元素进行任何处理，包括指令和表达式，而是直接输出它们的原始代码。

v-pre 指令是一个非常简单的指令，只需在需要应用它的元素上添加 v-pre 属性即可，例如：

```
<div v-pre>
{{message}}
</div>
```

在上面的代码中，我们使用 v-pre 指令通知 Vue.js 编译器，这个 <div> 标签中的所有内容都被视为静态内容，不需要编译。这里的 message 只是普通文本，不需要被 Vue 模板处理。

【实例 2－15】使用 v-pre 指令跳过标签。

（1）引入 Vue 框架。

（2）定义变量。

（3）使用 v-pre 指令跳过标签。

```
<!DOCTYPE html>
<html>
<head>
    <meta charset="UTF-8">
    <script type="text/javascript" src="js/vue.js"></script>
    <title>demo15</title>
</head>
<body>
    <div id="app">
        <p v-pre>不让解析：{{num}}</p>
        <p>正常解析：{{num}}</p>
    </div>
    <script>
        var vm = new Vue({
            el: '#app',
            data() {
                return {
                        num: 99
}
            }
        });
    </script>
</body>
</html>
```

运行效果如图 2－37 所示。

从运行结果中，可以发现 Vue.js 在解析内容时，会跳过带有 v-pre 指令的标签。使用

v-pre 指令可以带来很多好处，其最主要的好处是可以提高页面性能。Vue.js 编译器负责解析和处理 Vue.js 模板，并将它们转换成渲染函数。这个过程需要花费一定的时间和资源，特别是对于那些包含复杂表达式或指令的元素来说，使用 v-pre 指令可以避免这个过程，从而大幅缩短 Vue.js 渲染的时间。

图 2－37　v-pre 指令运行效果

需要注意的是，v-pre 指令只能用于单个元素，而不能应用于组件。

2.7.2　v-cloak 指令

在 Vue.js 应用程序中，当网速较慢时，网页还在加载 Vue.js，导致 Vue.js 来不及渲染，这时会出现页面闪烁的问题，同时显示出 Vue.js 的源代码，解决这一问题的常见做法是使用 v-cloak 指令。

我们可以使用 v-cloak 指令设置样式，该指令通常与 CSS 配合使用，用于在 Vue.js 实例加载和编译之前隐藏元素或组件。它的作用是确保在 Vue.js 实例加载完成之前，元素或组件不会显示在页面中，从而解决页面闪烁的问题。

通过给元素添加 v-cloak 属性，然后在 CSS 中定义对应的样式，可以确保在 Vue.js 实例加载完成前，该元素的内容不会显示在页面中。在编译结束时，从绑定的 HTML 元素上被移除。也就是说，当 Vue 实例创建完成并接管容器后，就会删掉 v-cloak 这个属性。

v-cloak 指令的用法非常简单，只需要将其应用于需要隐藏的元素或组件上即可。下面是一段基本的 v-cloak 指令的代码：

```
<div v-cloak>
{{message}}
</div>
```

在上述代码中，v-cloak 指令被应用于 div 元素上。在 Vue.js 实例加载完成之前，这个 div 元素将不会显示在页面中。在 Vue.js 实例加载完成后，v-cloak 指令将被 Vue.js 自动删除，并显示 div 元素。

除了应用于单个元素外，v-cloak 指令还可以应用于整个应用程序的根元素上。这个根元素是 Vue.js 应用程序的主要入口点。例如：

```
<div id="app" v-cloak>
{{message}}
</div>
```

在上述代码中，v-cloak 指令被应用于应用程序的根元素上。在 Vue.js 实例加载完成之前，整个应用程序将不会显示在屏幕上。在 Vue.js 实例加载完成后，v-cloak 指令将被 Vue.js 自动删除，并显示整个应用程序。

【实例 2－16】使用事件延时，看到变量暴露的情况。

（1）引入 Vue 框架。

（2）定义变量。

（3）定义定时器，包裹住函数。

```
<!DOCTYPE html>
<html>
<head>
    <meta charset="UTF-8">
    <title>demo16</title>
    <script type="text/javascript" src="js/vue.js"></script>
</head>
<body>
    <div id="app" v-cloak>
        {{context}}
    </div>
    <script>
        setTimeout(() => {
            var app = new Vue({
                el: '#app',
                data: {
                    context: '互联网头部玩家钟爱的健身项目'
                }
            })
        }, 2000)
    </script>
</body>
</html>
```

运行效果如图 2－38 所示。

延时两秒后，运行效果如图 2－39 所示。

图 2－38　延时前运行效果

图 2－39　延时后运行效果

我们还可以使用 v-cloak 指令隐藏未编译的 <Mustache> 标签，直到 Vue 实例准备完毕。

【实例 2－17】使用事件延时 v-cloak 指令看到的情况。

（1）引入 Vue 框架。

（2）定义变量。

（3）使用事件延时 v-cloak 指令看到的情况。

```
<!DOCTYPE html>
<html>
```

```
<head>
    <meta charset="UTF-8">
    <title>demo17</title>
    <style type="text/css">
        [v-cloak] {
display: none;
        }
    </style>
    <script type="text/javascript" src="js/vue.js"></script>
</head>
<body>
    <div id="app" v-cloak>
        {{context}}
    </div>
    <script>
    setTimeout(() => {
    var app =  new Vue({
        el: '#app',
        data: {
        context: '互联网头部玩家钟爱的健身项目'
        }
      })
    },2000)
    </script>
</body>
</html>
```

运行效果如图 2－40 所示。

两秒后，运行效果如图 2－41 所示。

图 2－40　v-cloak 指令运行效果 1

图 2－41　v-cloak 指令运行效果 2

v-cloak 指令是 Vue.js 中最常用的指令之一，用法简单、易于理解，可以避免在 Vue.js 实例未加载完成时出现页面闪烁问题。在实际项目中，结合其他指令，可以实现更多高级的应用。因此，在 Vue.js 开发中，合理运用 v-cloak 指令可以帮助我们更好地提升开发效率和用户体验。

2.7.3　v-once 指令

在 Vue.js 中，组件通信是一个重要的概念，它允许不同的组件之间进行数据传递和交互。Vue.js 提供了多种方式来实现组件通信，其中之一就是使用 v-once 指令进行一次性插值通信。

v-once 指令是 Vue.js 提供的一个指令，用于标记一个元素或组件，使其只渲染或加载一次，首次渲染后，就不会再随着数据的变化而重新渲染了。使用 v-once 指令可以避免无关的更新操作，提高性能。

v-once 指令的用法非常简单，只需在元素或组件上加上 v-once 属性即可。例如：

```
<div v-once>
{{message}}
</div>
```

在上述代码中，我们给 div 元素添加了 v-once 属性，这意味着该元素只会渲染一次，之后的更新操作将被忽略。在 div 元素中，我们使用了插值表达式 {{message}} 来显示一个变量的值。这个变量一旦改变，由于 v-once 的存在，不会触发重新渲染。

【实例 2－18】使用 .once 只触发一次事件。

（1）引入 Vue 框架。

（2）定义变量。

（3）使用 .once 触发事件。

```
<!DOCTYPE html>
<html>
<head>
    <meta charset="UTF-8">
    <title>demo18</title>
    <script type="text/javascript" src="js/vue.js"></script>
</head>
<body>
    <div id="app">
      <a href="http://www.baidu.com" @click.prevent="link">百度一下</a><br />
      <a href="http://www.baidu.com" @click.once.prevent="link"
target="_blank">百度一下</a><br />
    </div>
    <script>
var vm = new Vue({
            el: '#app',
            data: {},
            methods: {
                link() {
            console.log('触发 a 标签的事件');
        }
      }
      })
    </script>
```

```
</body>
</html>
```

运行效果如图 2－42 所示。

图 2－42 .once 运行效果

多次单击第一个超链接，控制台的运行效果如图 2－43 所示。

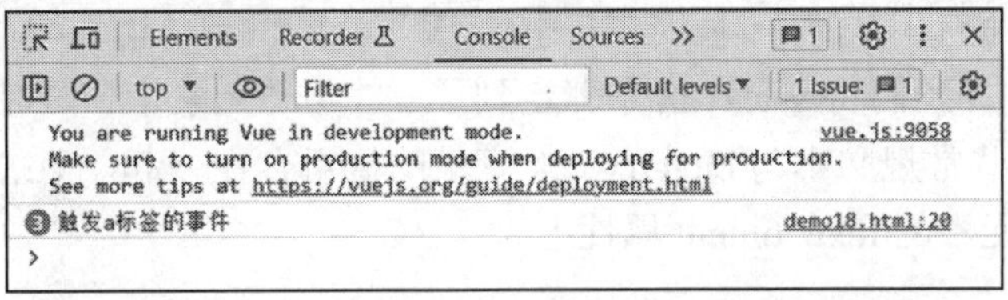

图 2－43 多次单击第一个超链接控制台运行效果

多次单击第二个超链接，控制台的运行效果如图 2－44 所示。

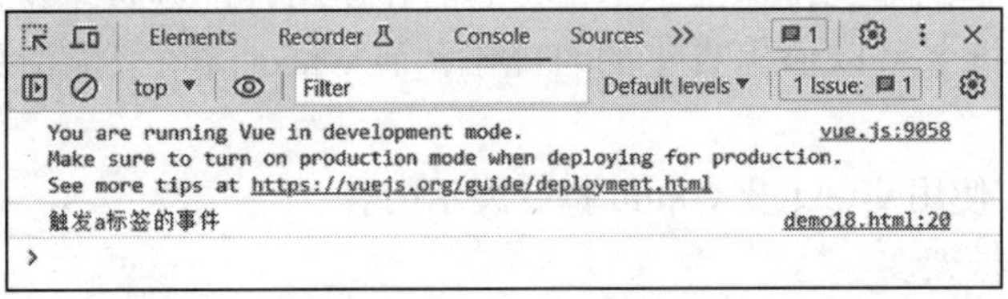

图 2－44 多次单击第二个超链接控制台运行效果

可见，通过 v-once 指令，我们可以避免无关的更新操作，提高组件的渲染性能。在静态数据显示和大数据列表显示等场景中，v-once 指令都能发挥重要作用。

2.8 v-text 和 v-html 指令

2.8.1 v-text 指令

除了使用双大括号“{{}}”的形式外，还可以使用 v-text 指令来实现文本插值。v-text 指令用于渲染普通文本，将数据绑定到元素的 textContent 属性上，这意味着 v-text 指令可以直接渲染文本内容到 HTML 模板中。无论何时，绑定的数据对象上 msg 属性发生了改变，插值处的内容都会更新。

v-text 指令的作用类似于“{{}}”，它们都可以实现在 HTML 模板中渲染数据。但是，v-text 指令更加灵活，因为它可以避免潜在的 XSS 攻击，并且适用于更多的绑定场景。要使用 v-text 指令，我们需要将它绑定到一个元素上，并传入要渲染的数据。下面是一个简单的 v-text 指令案例：

```
<div v-text="message"></div>
```

在上述代码中，我们将 v-text 指令绑定到一个 div 元素上，并将 message 作为参数传入。这就使得 Vue.js 将 message 的值直接渲染到这个 div 元素的 textContent 属性上。

我们还可以在 Vue.js 中使用 v-text 指令绑定复杂的文本，例如：

```
<div v-text="'Today is ' + dayOfWeek"></div>
```

在上述代码中，我们将 v-text 指令绑定到了一个 div 元素上，并使用 JavaScript 字符串拼接操作符将一些常规文本与 dayOfWeek 变量的值组合在一起。Vue.js 将直接渲染这个字符串到这个 div 元素的 textContent 属性上。

2.8.2　v-html 指令

v-html 指令用于将字符串以 <html> 标签的形式插入模板中，我们可以将包含 <html> 标签的内容以字符串的形式传递给子组件，然后在子组件的模板中使用 v-html 指令进行插值操作。v-html 指令可以输出真正的 HTML，而 v-text 指令只能渲染标签，不能解析 HTML 代码。

【实例 2－19】使用 v-text 及 v-html 指令展示内容。

（1）引入 Vue 框架。

（2）定义变量。

（3）使用 v-text 及 v-html 指令展示内容。

```
<!DOCTYPE html>
<html>
<head>
    <meta charset="UTF-8">
    <title>demo19</title>
    <script type="text/javascript" src="js/vue.js"></script>
</head>
<body>
    <div id="app">
        <div>原来的内容 {{msg}}</div>
<div v-text="msg">原来的内容 </div>
        <div v-html="msg">原来的内容 </div>
    </div>
<script>
```

```
        var vm = new Vue({
            el: '#app',
            data: {
                msg: '<h1> 中国加油 </h1>'
            }
        });
    </script>
</body>
</html>
```

运行页面中有三行内容，第一行内容为原始的内容，第二行内容为使用 v-text 指令渲染后的内容，第三行内容为使用 v-html 指令输出真正的 HTML，运行效果如图 2－45 所示。

图 2－45　v-html 及 v-text 指令运行效果

2.8.3　v-text 和 v-html 指令的异同

v-text 和 v-html 指令两者之间的异同是：

（1）相同点：v-text 和 v-html 指令都可以向页面中插入内容。

（2）不同点：①内容处理方式：v-text 指令将数据视为纯文本，而 v-html 指令将数据视为 HTML。②安全性：v-text 指令更安全，因为它不会解析 <html> 标签，而 v-html 指令可能不安全，因为它会解析 <html> 标签。③用途：v-text 指令适用于只需要显示文本的场景，而 v-html 指令适用于需要渲染 HTML 结构的场景。

在使用时，应根据具体需求选择合适的指令，并注意数据的安全性，特别是在处理用户输入时，应避免使用 v-html 指令以防止 XSS 攻击。

2.9　使用 Vue 实现单击按钮启动走马灯效果

【实例 2－20】使用 v-on 指令、v-bind 指令及插值表达式综合实现一个走马灯效果的展示内容。

（1）创建标准 HTML5 页面。

（2）创建 id=“app”的 <div> 标签。

（3）通过 <script> 标签引入 Vue 框架。

（4）在一个新 <script> 标签中创建 Vue 实例对象。

（5）书写项目 HTML 结构。

（6）引入 Vue 框架，通过 vue.data 中的 msg 数据对 <p> 标签内容进行插值显示，在 methods 中书写开始和停止走马灯的函数方法。

```
<!DOCTYPE html>
<html lang="en">
<head>
    <meta charset="UTF-8">
    <meta http-equiv="X-UA-Compatible" content="IE=edge">
    <meta name="viewport" content="width=device-width, initial-scale=1.0">
    <title>demo20</title>
</head>
<body>
    <div id="app">
        <input type="button" value=" 启动 " @click="runApp" />
        <input type="button" value=" 停止 " @click="stopApp">
        <p>{{msg}}</p>
    </div>
    <script src="https://cdn.jsdelivr.net/npm/vue/dist/vue.js"></script>
    <script type="text/javascript">
        var app = new Vue({
            el: "#app",
            data: {
                msg: " 这是一个走马灯效果！ ",
                intervalid: null
            },
methods: {
                runApp() {
//将函数内外的执行变成一致的
                    var _this = this
                    if (this.intervalid != null) {
                        return
                    }
                    this.intervalid = setInterval(function () {
                        var start = _this.msg.substring(0, 1)
                        var other = _this.msg.substring(1)
                        _this.msg = other + start
                    }, 400)
                },
                stopApp() {
```

```
                clearInterval(this.intervalid)
                this.intervalid = null
            }
        }
    })
  </script>
</body>
</html>
```

运行效果如图 2－46 所示。

单击页面中的“启动”按钮，下方的文字“这是一个走马灯效果!”将会滚动显示；单击“停止”按钮，文字将停止滚动，停止后的效果如图 2－47 所示。

图 2－46　走马灯运行效果

图 2－47　停止后的走马灯运行效果

项目小结

本项目主要介绍了 Vue.js 中的一些常用指令，包括 v-if、v-else、v-show、v-for、v-on、v-model、v-bind 等，并使用多种指令实现了单击按钮启动走马灯效果的展示。通过本项目的学习，读者应该掌握常用指令的使用，如能够使用 v-for 指令解决循环问题，使用 v-on 指令进行事件绑定，使用 v-bind 指令实现单向数据绑定，使用 v-model 指令实现双向数据绑定等。

习　题

一、填空题

1. 创建 Vue 实例对象时需要使用________方法。
2. ________指令能够实现双向数据绑定。
3. ________指令可以用于渲染列表中的数据，常用来循环数组。
4. Vue 中事件绑定指令是________。
5. ________指令用于绑定数据到页面元素属性中，常用于动态地改变元素的属性。

二、判断题

1. v-bind 指令能够实现双向数据绑定。　（　　）

2. v-if 指令能够根据表达式的布尔值判断是否插入标签，当条件为 true 时显示标签内容，当条件为 false 时隐藏标签内容。（　　）

3. v-for 指令可以通过改变元素的 CSS 属性（display）来动态控制元素是显示还是隐藏。（　　）

4. 事件修饰符 .self 用来限定只有事件在该元素本身触发时，才会触发回调。（　　）

5. 事件修饰符 .stop 用来阻止事件冒泡。（　　）

三、简答题

1. 请简述 v-model 和 v-bind 指令有什么区别。
2. 常用的事件修饰符有哪些？请简述其功能。

四、实操题

使用 v-model 指令的双向数据绑定功能，实现一个简单的比较两个数大小的案例，运行效果如图 2－48 所示。

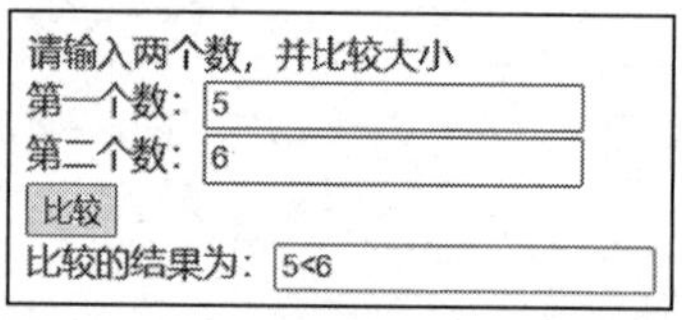

图 2－48　比较两个数大小的运行效果

项目 3 Vue 组件

在前面的项目中，我们学习了 Vue.js 中的内置指令。在本项目中，我们将深入学习 Vue.js 中的组件。Vue 作为一个轻量级前端框架，其核心就是组件化开发。Vue 组件是 Vue.js 框架中的核心概念。任何程序的开发框架都一定包含代码的复用机制。因为对于任何一个网站或应用来说，一定存在着大量相同或类似的部分，因而需要有一个机制来让局部的元素可以被重复使用，从而提高开发效率和灵活性，同时减少重复编写代码的工作量。Vue 组件可以扩展 HTML 元素，封装可重用的代码，每个组件都可以包含内容、功能和样式。本项目我们将一起学习 Vue 组件的使用。

知识目标 1

- 了解 Vue 组件的基本概念和作用
- 熟悉 Vue 组件的语法和用法，包括全局注册组件、局部注册组件和组件的切换
- 掌握 Vue 组件的高级特性，包括组件的通信、插槽等

能力目标 2

- 具备理解和定义 Vue 组件的基本概念和语法的能力，包括全局组件、局部组件和组件的切换等的编写和使用
- 具备理解和应用 Vue 组件之间的通信方式的能力，包括 props 和事件、自定义事件、emit/on 等的使用

素养目标 3

- 能够独立分析和解决在 Vue 组件开发过程中遇到的问题，培养解决问题的能力
- 通过编写可维护、可扩展、可测试的 Vue 组件代码，培养重视代码质量的意识，形成良好的编码习惯

3.1 认识组件

在页面设计中，会有同一个功能模块被多次重复使用的情况。例如，存在该功能：在页面完成一个简单的计数器，输入框设定一个初始值，通过单击加号数字加 1，单击减号数字减 1。如果在不同的页面需要使用该计数器且计数器的初始值不同，原始的做法是复制粘贴，需要手动一个个去修改计数器的初始值，这种情况就非常麻烦而且容易出错。

此处可参看视频：

3－1　认识组件

为了简化这个问题，我们可以利用 Vue 组件的思想解决。Vue 组件是 Vue 框架中的核心概念之一。组件可以被看作一个独立的、可重用的代码模块，它封装了特定的功能和样式，可以在应用中多次被使用。通过组件化开发，我们可以将复杂的用户界面拆分成多个小而独立的组件，使代码更加模块化、可维护性更高。Vue 组件的引入使得前端开发更加高效和灵活。

如果将一个页面中所有的处理逻辑全部放在一起，处理起来就会变得非常复杂，而且不利于后续的管理及扩展。但如果将一个页面拆分成一个个小的功能块，每个功能块完成属于自己部分独立的功能，那么之后整个页面的管理和维护就变得非常容易了。由组件构成的页面结构图如图 3－1 所示。

组件化是 Vue.js 中的重要思想。它提供了一种抽象，可以开发出一个个独立可重用的小组件来构造应用。任何应用都可以被抽象成一棵组件树，如图 3－2 所示。

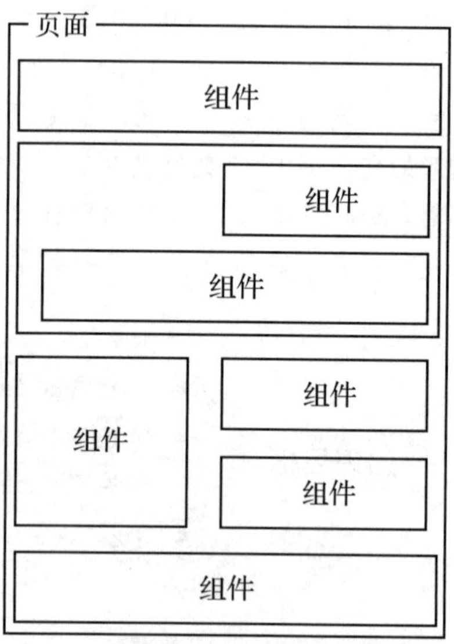

图 3－1　由组件构成的页面结构图

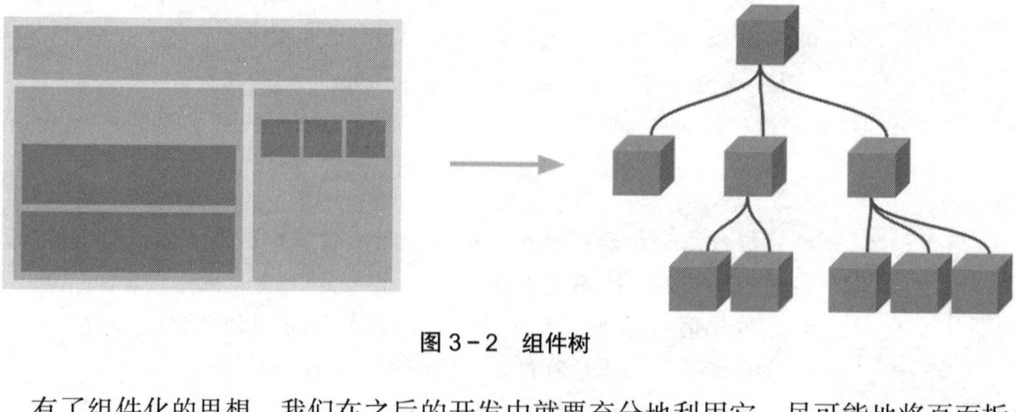

图 3－2　组件树

有了组件化的思想，我们在之后的开发中就要充分地利用它，尽可能地将页面拆分成一个个小的、可重用的组件。这样使代码更加便于组织和管理，并且扩展性也更强。所以，组件是 Vue 开发中非常重要的一个篇章，要认真学习。

组件化开发具有许多优势。首先，组件化开发可以提高代码的重用性，我们可以将相似的功能封装成组件，在以后不同的项目中轻松复用。其次，组件化开发使得团队协作更加容易，不同的开发人员可以同时开发不同的组件，然后组合起来构建复杂的应用。最后，组件化开发还有助于代码的可维护性和可测试性，我们可以更容易地定位和修复故障，同时编写单元测试也更加方便。

3.2 注册组件

3.2.1 组件的使用

此处可参看视频：

3-2 组件的使用

组件的引入旨在有效拆分 Vue 实例的代码量，使开发人员能够根据不同功能模块将代码划分为不同的组件。这种模块化的设计使得在需要特定功能时，开发人员只需调用相应的组件即可，极大地提升了代码的可维护性和重用性。

【实例 3-1】使用 Vue.js 完成的计数器组件。

```
<div id="app">
    <my-component></my-component>
    <my-component></my-component>
    <my-component></my-component>
</div>
<script>
    //参数 1：组件名称
    //参数 2：组件的配置对象
    Vue.component('myComponent', {
            //组件使用的数据
        data() {
                return {
                    count: 0
                }
        },
        //组件模板：组件显示的内容
        template: '<button @click="count++">单击了 {{count}} 次 </button>'
    })
    var vm = new Vue({
```

```
        el: '#app'
    })
</script>
```

组件是可重用的 Vue 实例，每个组件都有一个特定的名称，如在上述代码中就是 myComponent。开发人员可以将这个组件作为自定义元素，在通过 new Vue 创建的 Vue 根实例中使用。

上述例子的运行结果如图 3－3 所示，页面中展示了 3 个名为 my-component 的组件。当用户单击任意一个组件时，该组件的 count 数值将逐一递增。每个按钮都维护着自己独立的计数值，记录被单击的次数。这个实例清晰地展示了 Vue 组件的强大之处：通过组件化功能，我们可以轻松地复用页面代码，实现一次编写、多次重复使用的效果。

图 3－3　计数器组件运行效果

在组件实例代码中的使用，大家对组件有了初步了解。为了在模板中使用这些组件，必须首先进行注册，以便 Vue.js 能够识别。组件注册分为两种类型：全局注册和局部注册。接下来我们将分别探讨全局注册组件和局部注册组件。

3.2.2　全局注册组件

此处可参看视频：

3－3　全局组件

全局注册组件是指将组件注册到 Vue 的全局作用域中，使其在整个应用中都可用。通过全局注册，我们可以在任何组件的模板中使用该组件，而无须再次进行注册。

全局注册组件的优点在于提高了代码的重用性和可维护性。组件一旦被全局注册，就可以在应用的任何地方使用，无须在每个使用该组件的地方进行局部注册。这样不仅可以减少重复的代码，还使得组件的使用更加便捷和一致。

要进行全局注册，可以使用 Vue 的 Vue.component 方法。该方法接收两个参数：组件的名称和组件的定义。组件的名称是一个字符串，用于在模板中引用该组件。组件的定义包括模板、数据、方法等组件的相关配置。

下面是一个示例代码，演示如何全局注册一个名为 hello-world 的组件：

```
Vue.component('hello-world', {
  template: '<div>{{ message }}</div>',
  data() {
    return {
      message: 'Hello, World!'
    }
  }
})
```

在上述代码中，使用了 Vue.component 方法将 hello-world 组件注册为全局组件。组件的定义包括一个简单的模板，用于显示 message 数据的值。

组件一旦被全局注册，就可以在任何组件的模板中使用它，如下所示：

```
<div id="app">
    <hello-world></hello-world>
</div>
```

在上述代码中，可以直接在模板中使用 <hello-world></hello-world> 标签来引用全局注册的 hello-world 组件。其中 hello-world 为自定义的组件名称，需要注意的是，如果组件名称使用了驼峰命名，则在引用组件的时候需要把大写的“驼峰”改为小写字母，同时，两个单词之间使用“-”连接。例如，前面所述的 myComponent 使用时需变化为 <my-component>。整理代码，完整的代码如实例 3－2 所示。

【实例 3－2】

```
<body>
    <div id="app">
        <hello-world></hello-world>
    </div>
    <script>
    Vue.component('hello-world', {
            template: '<div>{{ message }}</div>',
            data() {
                return {
                message: 'Hello, World!'
                }
            }
        })
        var vm = new Vue({
            el: '#app'
            })
    </script>
</body>
```

运行效果如图 3－4 所示。

图 3－4　全局组件显示效果

3.2.3　局部注册组件

局部注册组件是指将组件注册到一个特定的 Vue 组件中，使其只在该组件及其子组件中可用，而不是在整个应用的全局范围内可用。

局部注册组件的好处是可以将组件的作用范围限制在需要使用它的组件及其子组件之间，从而提高代码的封装性和可维护性。局部注册的组件只在需要的地方注册，避免了全局作用域中组件的冲突和命名空间的污染。

要进行局部注册，可以在 Vue 组件的选项中使用 components 属性。该属性接收一个对象，其中键是组件的名称，值是组件的定义。

【实例 3-3】局部注册一个名为 hello-world 的组件。

```
Vue.component('my-component', {
  components: {
    'hello-world': {
      template: '<div>{{ message }}</div>',
      data() {
        return {
          message: 'Hello, World!'
        }
      }
    }
  },
  template: '<div><hello-world></hello-world></div>'
})
```

在上述代码中，在 my-component 组件的选项中使用 components 属性，将 hello-world 组件注册为局部组件。然后，可以在 my-component 组件的模板中使用 <hello-world></hello-world> 标签引用局部注册的 hello-world 组件。同时，在 Vue 根实例中也调用该局部组件，如下所示：

```
<div id="app">
    <my-component></my-component>
    <!-- 该组件实例无法生成 -->
    <hello-world></hello-world>
</div>
```

运行结果如图 3-5 所示，只有一个 hello-world 组件在界面中呈现，说明了局部组件在 Vue 根实例中的调用无法生效。

图 3-5　局部组件显示效果

3.2.4　template 模板

在之前的所有实例中，定义的组件模板都以字符串的形式存储，这种方式容易出错且不适合编写复杂的页面结构。实际上，我们可以直接在 HTML 结构中编写模板代码，这样有助于编辑器展示代码提示和语法高亮，从而改善开发体验并提高效率。Vue 引入了 <template> 标签，允许我们在其中书写 HTML 代码，并通过 id 绑定到组件的 template

属性上，这种做法使得模板结构更清晰、易于维护。下面代码是通过改写实例 3－3 中 template 编写方式后的文件，如实例 3－4 所示。

【实例 3－4】

```
<div id="app">
        <my-component></my-component>
        <!-- 该组件实例无法生成 -->
        <hello-world></hello-world>
        <template id="test01">
            <div>{{ message }}</div>
        </template>
    </div>
    <script>
    Vue.component('my-component', {
            components: {
                'hello-world': {
                template: '#test01',
                data() {
                    return {
                    message: 'Hello, World!'
                    }
                }
                }
            },
            template: '<div><hello-world></hello-world></div>'
        })
        var vm = new Vue({
            el: '#app'
            })
    </script>
```

使用 template 选项，可以灵活地编写组件的模板，结合 Vue 的指令和数据绑定，实现动态和交互性的页面效果。

在 Vue 组件中，数据（data）选项必须是一个函数，并且需要通过该函数返回一个对象。这是因为组件是可重用的，当多个组件实例共享同一个组件定义时，每个实例需要拥有独立的数据对象，而不是共享同一个数据对象。代码如下：

```
data() {
        return {
                message: 'Hello, World!'
        }
    }
```

为了确保每个组件实例拥有独立的数据，data 选项应该定义为一个函数。当组件被多次使用时，如果 data 选项是一个普通的对象，所有组件实例将共享同一个对象，导致一个组件的状态改变会影响其他组件。data 函数每次创建组件实例时都会被调用，返回一个新的数据对象，这就保证了每个组件实例都有自己的独立数据，互不影响。此外，methods 属性在组件中的使用方法与在 Vue 实例中相同。

3.3 组件的切换

在 Vue 中，可以通过条件渲染和动态组件来实现组件之间的切换。这允许根据特定的条件或事件来动态地显示或隐藏组件，或者在不同的组件之间进行切换。

3.3.1 条件渲染

条件渲染是根据特定条件来决定是否渲染组件的一种方式。可以使用 Vue 的指令（如 v-if、v-else-if 和 v-else 指令）在模板中设置条件，并根据条件来切换组件的显示与隐藏。

【实例 3－5】在页面进行登录组件和注册组件的切换。

```
<div id="app">
        <a href="#" @click.prevent="flagTrue">登录</a>
        <a href="#" @click.prevent="flagFalse">注册</a>
        <login v-if="flag"></login>
        <register v-else="flag"></register>
    </div>
    <script>
        Vue.component('login', {
            template: '<div>登录页面</div>',
        })
        Vue.component('register', {
            template: '<div>注册页面</div>',
        })
        var vm = new Vue({
            el: '#app',
            data: {
                flag: true
            },
            methods:{
                flagTrue(){
                    this.flag?this.flag:this.flag=!this.flag
                },
                flagFalse(){
```

```
                this.flag?this.flag=!this.flag:this.flag
            }
        }
    })
</script>
```

在上述代码中，有一个名为 login 的登录组件和一个名为 register 的注册组件。通过使用 v-if 指令，我们可以根据条件来显示或隐藏当前组件。为了实现组件切换，我们可以定义一个 flag 值，当 flag 为 true 时，显示登录组件。当单击注册链接时，将 flag 的值设为 false，从而显示注册组件，实现组件的切换。然而，如果有多个组件需要切换，使用这种方法可能会变得复杂和烦琐。

3.3.2 动态组件

动态组件允许在多个组件之间进行切换，而无须手动添加或删除组件。可以使用 Vue 的 component 元素和“:is”属性来实现动态组件的切换，代码如实例 3－6 所示。

【实例 3－6】

```
<div id="app">
    <a href="#" @click.prevent="comName ='login'">登录</a>
    <a href="#" @click.prevent="comName ='register'">注册</a>
    <component :is="comName"></component>
</div>
<script>
    Vue.component('login', {
        template: '<div>登录页面</div>'
    })
    Vue.component('register', {
        template: '<div>注册页面</div>'
    })
    var vm = new Vue({
        el: '#app',
        data: {
            comName: ""
        }
    })
</script>
```

在单击事件中，事件修饰符 .prevent 用于阻止 <a> 标签的超链接默认行为。在上述代码中，在 data 选项中定义了 comName 属性，它用于跟踪当前要渲染的组件。初始情况下，currentComponent 的值为空，不渲染任何组件。

component 元素表示占位符，用来展示组件。“:is”属性绑定的变量值为展示的组件名称。通过单击登录和注册两个按钮，修改当前的 currentComponent 值来切换到另一个组件。通过“:is”属性将 currentComponent 绑定到 component 元素的“:is”属性上，实现了动态组件的切换。根据 currentComponent 值的不同，Vue 会动态地渲染相应的组件。运行效果如图 3－6 所示。采用以上方法，无论多少个组件切换都可以轻松实现。

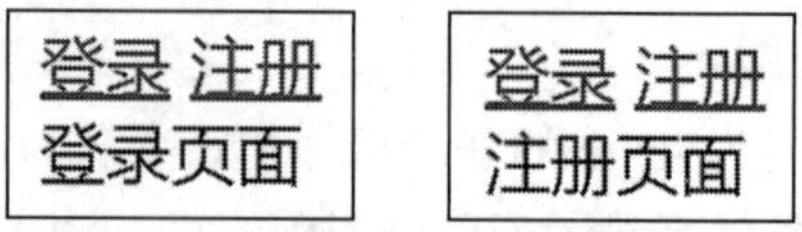

图 3－6　登录和注册组件切换显示效果

3.4 组件的通信

当在 Vue 应用中使用组件时，组件之间的通信是一个非常重要的主题。Vue 提供了多种方式来实现组件之间的通信，包括父子组件通信、兄弟组件通信等。

此处可参看视频：

3－4　父组件向子组件传递数据

子组件是不能引用父组件或者 Vue 实例的数据的。但是，在开发中，往往一些数据确实需要从上层传递到下层。比如，在一个页面中，我们从服务器请求到了很多数据，其中一部分数据，并非需要整个页面的大组件来展示，而是需要下面的子组件进行展示。这个时候，并不会让子组件再次发送一个网络请求，而是直接让大组件（父组件）将数据传递给小组件（子组件）。如何进行父子组件间的通信呢？Vue 官方提到父组件通过 props 向子组件传递数据；子组件通过 Events 向父组件传递数据，如图 3－7 所示。

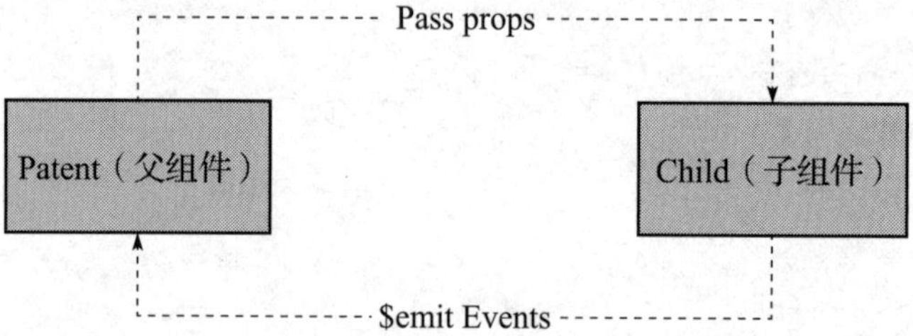

图 3－7　父子组件通信图

3.4.1　父组件向子组件传递数据

在实例 3－7 中，直接将 Vue 根实例当作父组件，并且其中包含子组件来简化代码。在真实的开发中，Vue 实例和子组件间的通信和父子组件的通信过程是一样的。在子组件中，使用 props 来声明需要从父组件接收的数据。

props 的值有两种方式：

- 字符串数组，数组中的字符串就是传递时的名称。
- 对象，对象可以设置传递时的类型，也可以设置默认值等。

【实例 3-7】利用字符串数组的形式进行 props 传值。

```
<div id="app">
    {{msg}}<br />
    <my-com></my-com>
    <!-- 步骤 1: 绑定父组件的属性 -->
    <my-com :parentmsg="msg"></my-com>
</div>
<script>
    var vm = new Vue({
        el:'#app',// 挂载受控区域
        data:{
            msg:'我是父组件中的数据'
        },
        // 创建私有的组件
        components:{
            'myCom':{
                // 步骤 3: 使用时，采用的 props 中的数据名称
                template:'<h1>我是私有组件的内容
----{{msgSon}}----{{parentmsg}}</h1>',
                data:function(){
                    return {msgSon:'我是子组件的消息'}
                },
                // 步骤 2: 需要将绑定的属性通过 props 进行传递
                props:['parentmsg']
            }
        }
    });
</script>
```

运行效果如图 3-8 所示。

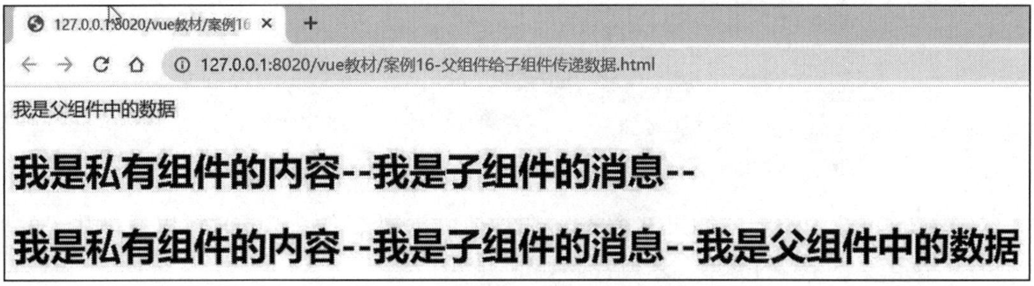

图 3-8 通过 props 传值运行效果

在实例 3-7 中，在父组件中利用自定义的属性 parentmsg 绑定 msg 所存储的值来传递给子组件。在子组件中利用 props 定义的数组元素 parentmsg 来接收，其在子组件模板中使用时与 data 中定义的数值 msgSon 方法一致。props 中的数据和 data 中的数据的主要区别为：props 中的数据都来自父级，data 中数据是组件自身的。需要注意的是，如果在 props 中定义的接收父组件数据 parentMsg 为驼峰形式命名，那么由于 HTML 中不区分大小写，当使用 DOM 模板时，此种格式的 props 命名需要转换为短横线分隔命名（paren-msg），如果不是驼峰形式的命名，则不需要转换。

同时需要注意的是，使用自定义属性传递值时，如果不使用 v-bind 指令绑定属性，无论传递的值是何种格式（数字、布尔值、数组、对象等），传递的都是字符串。

props 验证指的是在封装组件时对外界传递过来的 props 数据进行合法性的校验，从而避免数据不合法的问题。但使用数组类型的 props 节点有一个缺点，即无法为每个 prop 指定具体的数据类型。

使用对象类型的 props 节点，可以对每个 prop 进行数据类型的校验，如图 3-9 所示。

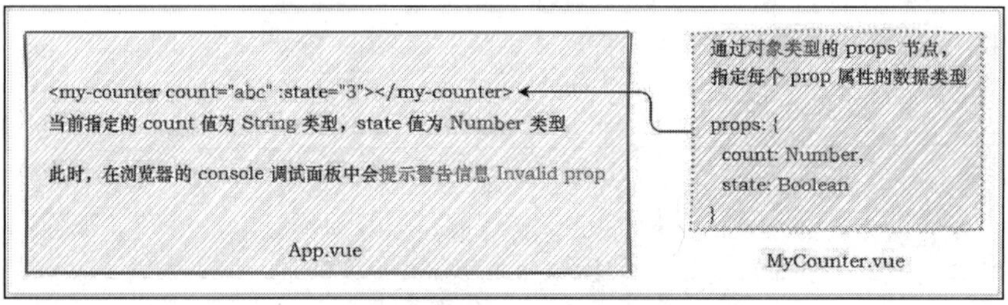

图 3-9　对象类型的 props 节点校验方式

对象类型的 props 节点提供了多种数据验证方案，如基础的类型检查、多个可能的类型、必填项校验、属性默认值、自定义验证函数。props 验证基础的类型检查，可以直接为组件的 prop 属性指定基础的校验类型，从而防止组件的使用者为其绑定错误类型的数据，示例代码如下：

```
props:{
    propA:String,      //字符串类型
    propB:Number,      //数字类型
    propC:Boolean,     //布尔值类型
    propD:Array,       //数组类型
    propE:Object,      //对象类型
    propF:Date,        //日期类型
    propG:Function,    //函数类型
    propH:Symbol       //符合类型
}
```

对于多个可能的类型，如果某个 prop 属性值的类型不唯一，此时可以通过数组的形式，为其指定多个可能的类型，示例代码如下：

```
props:{
    //propA属性的值可以是“字符串”或“数字”
    propA:[String,Number]
}
```

如果组件的某个prop属性是必填项，必须让组件的使用者为其传递属性的值。此时，可以通过如下方式将其设置为必填项：

```
props:{
    //通过“配置对象”的形式，定义propB属性的“验证规则”
    propB:{
        type:String,    //字符串类型
        required:true  //当前属性属于必填项，如没指定，会进行警告
    }
}
```

在封装组件时，可以为某个prop属性指定默认值，示例代码如下：

```
props:{
    //通过“配置对象”的形式，定义propC属性的“验证规则”
    propC:{
        type:String,       //字符串类型
        default:'hello'  //如没指定propC的值，则默认值为hello
    }
}
```

在Vue 2.0之后的版本中，通过props传递数据是单向的，即父组件的数据发生变化时，会传递给子组件，反之则不行。这样可以保持单向数据流的原则，提高应用的可维护性和可预测性。当使用props传递数据时，子组件无法直接修改props的值。但是，可以使用本地数据或计算属性来间接修改props传递的值，而不会修改父组件的值。

第一种是在子组件data中声明一个数据来引用父组件中props的值，即把父组件传递来的值作为子组件的初始值进行使用，具体见实例3－8。

【实例3－8】

```
 <div id="app">
        {{msg}}<br />
        <my-com></my-com>
        <!-- 步骤1：绑定父组件的属性 -->
        <my-com :parentmsg="msg"></my-com>
    </div>
    <script>
        var vm = new Vue({
            el:'#app',//挂载受控区域
            data:{
                msg:'我是父组件中的数据'
```

```
            },
            //创建私有的组件
            components:{
                'myCom':{
                    //步骤 3: 使用时,采用的 props 中的数据名称
                    template:'<h1> 我是私有组件的内容
----{{msgSon}}----{{parentmsg}}</h1>',
                    //步骤 4: 创建一个数据来引用父组件中 props 的值
                    data:function(){
                        return {msgSon:this.parentmsg}
                    },
                    //步骤 2: 需要将绑定的属性通过 props 进行传递
                    props:['parentmsg']
                }
            }
        });
    </script>
```

在上面的实例中,在子组件中声明了 msgSon 的数据,在组件进行初始化时用来获取父组件传递来的 parentmsg 值。然后在子组件的作用域内就可以任意去修改和使用 msgSon,与 parentmsg 值无关。

实例运行效果如图 3-10 所示。

我是父组件中的数据

我是私有组件的内容--------

我是私有组件的内容----我是父组件中的数据----我是父组件中的数据

图 3-10　引用父组件中 props 的值后的运行效果

另一种方法是将需要转换的原始值作为 props 传递给组件。在这种情况下,使用之前提到的方法可能无法实现所需的转换。这时可以考虑使用计算属性,子组件接收到 props 值后,可以利用计算属性对这些值进行修改或衍生新的值。这种方式更灵活,能够有效地处理需要对 props 值进行转换或处理的情况,具体见实例 3-9。

【实例 3-9】

```
<div id="app">
    <h2>Parent Component</h2>
    <child-component :value="message"></child-component>
</div>
<template id ="myCom">
    <div>
        <h2>Child Component</h2>
        <p>Original Value: {{ value }}</p>
```

```
            <p>Modified Value: {{ modifiedValue }}</p>
        </div>
    </template>
    <script>
        var vm = new Vue({
            el:'#app',//挂载受控区域
            data:{
                message:'Hello'
            },
            //创建私有的组件
            components:{
                'childComponent':{
                    template:'#myCom',
                    props:['value'],
                    computed: {
                        modifiedValue() {
                            // 对接收到的 props 的值进行修改或衍生新的值
                            return this.value.toUpperCase();
                        }
                    }
                }
            }
        });
    </script>
```

在这个实例中，父组件通过 :value 将 message 作为 props 传递给子组件。子组件接收到 value 的值，并在模板中显示原始值和修改后的值。子组件定义了一个计算属性 modifiedValue，它对接收到的 value 的值进行修改，将其转换为大写字母，并将修改后的值展示在模板中。该实例的运行效果如图 3－11 所示。

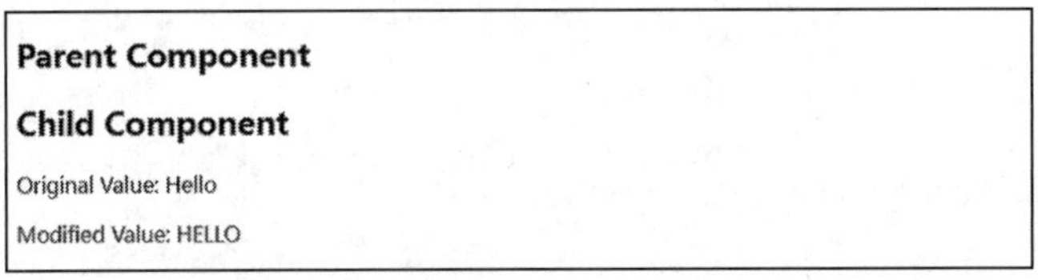

图 3－11　通过计算属性对 props 传值修改后的运行效果

3.4.2　子组件向父组件传递数据

此处可参看视频：

3－5　子组件向父组件传递数据

子组件向父组件传递数据可以通过自定义事件来实现。当子组件需要将数据传递给父组件时，它可以通过 $emit() 来触发一个自定义事件，并将数据作为事件的参数传递给父组件。父组件可以通过 v-on 指令来监听这个事件，并在事件处理函数中获取传递的数据，具体见实例 3－10。

【实例 3－10】

```
<div id="app">
    <h2>Parent Component</h2>
    <p>Received Data: {{ receivedData }}</p>
    <child-component @child-event="handleChildEvent"></child-component>
</div>
<template id ="myCom">
    <div>
        <h2>Child Component</h2>
        <button @click="sendDataToParent">Send Data to Parent</button>
    </div>
</template>
<script>
    var vm = new Vue({
        el:'#app',//挂载受控区域
        data:{
            receivedData: ''
        },
        methods: {
            handleChildEvent(data) {
                this.receivedData = data;
            }
        },
        //创建私有的组件
        components:{
            'childComponent':{
                template:'#myCom',
                methods: {
                    sendDataToParent() {
                        var data = 'Hello from child component';
                        this.$emit('child-event', data);
                    }
                }
            }
        }
    });
</script>
```

运行效果如图 3－12 所示。

在这个实例中，父组件包含一个名为 child-component 的子组件，它通过 @child-event 监听子组件触发的 child-event 事件。父组件的 handleChildEvent 方法接收到传递的数据，并将其存储在 receivedData 变量中。子组件的模板中包含一个按钮，当按钮被单击时，子组件会触发 child-event 事件，并将数据 'Hello from child component' 作为参数传递给父组件。

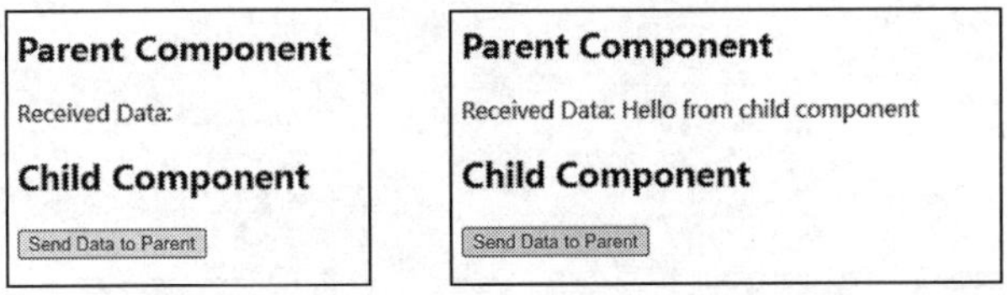

图 3－12　子组件向父组件传递数据运行效果

通过这种方式，子组件可以向父组件传递数据，父组件可以通过监听事件并在事件处理函数中获取数据并进行处理。

3.4.3　非父子组件的通信

上面讨论的都是父子组件间的通信，那如果是非父子组件关系呢？非父子组件关系包括多个层级的组件，也包括兄弟组件关系。在 Vue 1.x 版本中，可以使用 $dispatch 和 $broadcast 来实现事件的派发和广播，分别用于向上级和向下级组件传递事件。然而，在 Vue 2.x 中，这两个方法已被移除，取而代之的是使用中央事件总线的方式，即创建一个中介来处理事件传递。尽管这种方法是一种替代方案，但与直接采用 Vuex 状态管理方案相比仍有一定的不足。在后续，我们将专门学习 Vuex 状态管理方案，以更好地处理应用程序中的状态管理需求。

中央事件总线（bus）是一种在 Vue.js 应用程序中用于组件之间进行通信的模式。它允许组件在没有直接父子关系的情况下进行数据传递和通信。中央事件总线实际上是一个 Vue 实例，它充当了一个中介的角色，用于传递事件和数据，具体见实例 3－11。

【实例 3－11】

```
<div id="app">
    <mycom1></mycom1>
    <mycom2></mycom2>
</div>
<template id="com1">
    <div>
        <p> 我是组件 mycom1</p>
        <input type="button" value=" 单击此处，发送消息 " @click="send">
    </div>
</template>
<template id="com2">
    <div><p> 我是组件 mycom2</p></div>
</template>
<script>
```

```
//bus: 中央事件总线
var bus=new Vue();
var vm=new Vue({
    el:' #app' ,
    data:{},
    methods:{},
    components:{
        mycom1:{
            template:'#com1',
            methods:{
                send(){
                    bus.$emit('com1Click' ,'mycom1 相关信息 ' )
                }
            }
        },
        mycom2:{
            template:'#com2',
            mounted(){
                bus.$on('com1Click' ,function (value){
            alert(value)
                })
            }
        }
    }
})
</script>
```

运行效果如图 3－13 所示。

图 3－13　通过中央事件总线进行通信的运行效果

在上述的实例中，定义了一个名为 bus 的空 Vue 实例，同时创建了名为 vm 的 Vue 实例，并在此实例中定义了两个子组件 mycom1 和 mycom2，并在 mycom1 组件中定义了 send 方法。一旦单击按钮就会通过 bus 空 Vue 实例的 $emit 触发 com1Click 事件属性，由此将数据“ mycom1 相关信息”发送给 mycom2。在 mycom2 组件中，通过生命周期钩子函数 mounted 和 bus 空 Vue 实例使用 $on() 监听来自 mycom1 的事件 com1Click，并且接收到来自 mycom1 组件的数据，达到通过中央事件总线实现组件之间的数据传递和通信的目的。

3.5 插　　槽

3.5.1 认识插槽

在生活中，很多地方都有插槽（slot），如电脑的USB插槽、插板中的电源插槽等。插槽的作用是让原来的设备具备更多的扩展性。比如，通过电脑的USB插槽，我们可以插入U盘、硬盘、手机、音响、键盘、鼠标等。

此处可参看视频：

3-6 插槽（slot）

在Vue组件中，插槽（slot）是一种机制，用于在组件模板中定义可被替换的内容。通过插槽，父组件可以将任意内容插入子组件的特定位置，实现灵活的组件复用和定制化。当父组件需要在子组件内放置一些DOM，并控制这些DOM的显示或隐藏，以及在何处显示及如何显示时，就可以使用插槽来实现这种灵活性。

插槽的概念可以理解为组件模板中的占位符，它可以包含任意的HTML、文本或其他Vue组件。当父组件使用子组件时，父组件可以在子组件的插槽中插入自定义的内容，这些内容将替换子组件中的插槽。以下是一个使用插槽的示例：

```
<!-- Child Component -->
<template>
  <div>
    <h2>Child Component</h2>
    <slot></slot>
  </div>
</template>
```

在上述代码中，在子组件的模板中，使用<slot></slot>标签定义了一个插槽。这个插槽将用于接收父组件传递的内容。在父组件中，使用<Child Component>标签包裹了一段自定义的内容。这段内容将被插入子组件的插槽中。以下为父组件的部分代码：

```
<!-- Parent Component -->
<template>
  <div>
    <h2>Parent Component</h2>
    <child-component>
      <p>This is the content passed from the parent component.</p>
    </child-component>
  </div>
</template>
<script>
```

```
export default {
  components: {
    childComponent
  }
};
</script>
```

通过使用插槽，我们可以在父组件中灵活地传递内容给子组件，并将其插入子组件模板中指定的位置。以下是最终的渲染结果：

```
<!-- Rendered Result -->
<div>
  <h2>Parent Component</h2>
  <div>
    <h2>Child Component</h2>
    <p>This is the content passed from the parent component.</p>
  </div>
</div>
```

需要注意的是，一个组件可以拥有多个插槽，可以为插槽指定名称，以便在父组件中有选择性地传递内容。还可以在插槽中使用默认内容，以便在没有提供插槽内容时显示默认值。插槽是 Vue 组件中非常有用的概念，它提供了一种灵活和可定制的组件复用方式。

3.5.2 默认插槽

当使用单个插槽时，父组件可以将任意内容插入子组件的默认插槽中。默认插槽不需要特定的名称，只需使用 <slot></slot> 标签即可，具体见实例 3－12。

【实例 3－12】

```
<div id="app">
    <h2>Parent Component</h2>
    <child-component>
        <p>This is the content passed from the parent component.</p>
    </child-component>
</div>
<template id="com1">
    <div>
        <h2>Child Component</h2>
        <slot></slot>
        </div>
</template>
<script>
var vm=new Vue({
    el:' #app' ,
```

```
    data:{},
    methods:{},
    components:{
        childComponent:{
            template:'#com1',
        }
    }
})
</script>
```

最终渲染的结果将是父组件中的内容被插入子组件的默认插槽中。

```
<div>
  <h2>Parent Component</h2>
  <div>
    <h2>Child Component</h2>
    <p>This is the content passed from the parent component.</p>
  </div>
</div>
```

运行效果如图 3 - 14 所示。

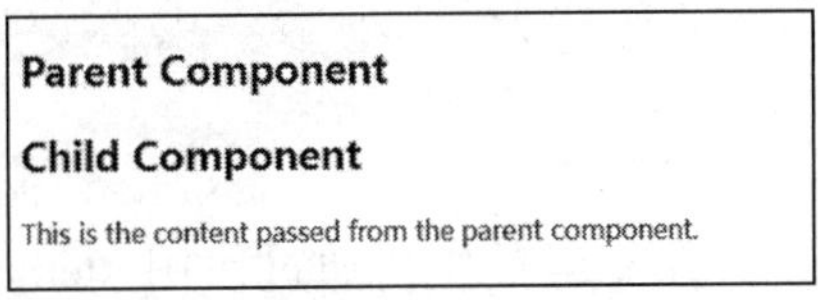

图 3 - 14　使用默认插槽的运行效果

在子组件的模板中，通过使用 <slot></slot> 标签来定义一个单个插槽，用于接收父组件传递的内容。在父组件中，将自定义的内容包裹在子组件标签内，这样内容将被插入子组件的默认插槽中。值得注意的是，一个组件可以拥有多个单个插槽，但每个插槽都没有名称。若需要更多的灵活性和控制，可以考虑使用具名插槽。

3.5.3　具名插槽

给 slot 元素指定一个 name 后可以分发多个内容，具名插槽可以与单个插槽共存。具名插槽允许父组件在子组件中定义多个插槽，并为每个插槽指定一个特定的名称。这样父组件就可以有选择性地将内容插入指定的插槽中，而不是使用默认插槽，具体见实例 3 - 13。

【实例 3 - 13】

```
<div id="app">
    <h2>Parent Component</h2>
    <child-component>
        <template v-slot:header>
            <h3>This is the header slot content.</h3>
        </template>
        <template v-slot:content>
            <p>This is the content slot content.</p>
```

```
            </template>
        </child-component>
    </div>
    <template id="com1">
        <div>
            <h2>Child Component</h2>
            <slot name="header"></slot>
            <slot name="content"></slot>
        </div>
    </template>
    <script>
    var vm=new Vue({
        el:' #app' ,
        data:{},
        methods:{},
        components:{
            childComponent:{
                template:'#com1',
            }
        }
    })
    </script>
```

在父组件中，通过使用 <template> 标签和 v-slot 指令分别定义了具名插槽 header 和 content。v-slot 指令后面跟着插槽的名称，然后在 <template> 标签中编写插槽的内容。在子组件中声明了 2 个 slot 元素，分别设置了 name 的属性，便于渲染父组件中对应名称的内容。渲染后的代码如下：

```
<div>
  <h2>Parent Component</h2>
  <div>
    <h2>Child Component</h2>
    <h3>This is the header slot content.</h3>
    <p>This is the content slot content.</p>
  </div>
</div>
```

运行效果如图 3－15 所示。

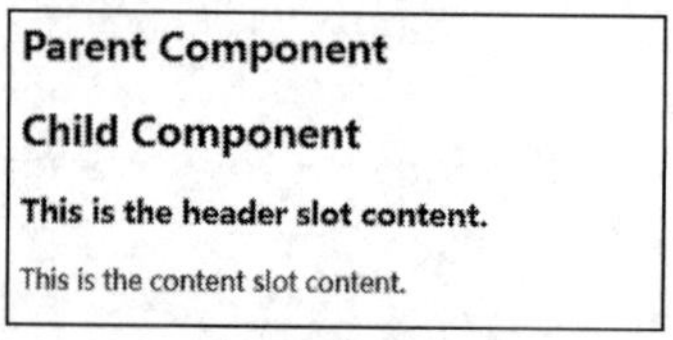

图 3－15　使用具名插槽的运行效果

项目小结

本项目主要介绍了 Vue 组件的相关内容，包括认识组件的重要性和灵活性、注册组件的方法、组件的切换与动态组件的应用、组件之间的通信方式，以及插槽的使用。通过学习本项目，我们可以了解到组件化开发的优势，如提高代码模块化和可维护性，提升开发效率。总体来说，组件化开发是 Vue 中非常重要的概念，能够帮助我们更好地组织和管理 Vue 应用的代码结构。

习　题

一、填空题

1. 要进行全局注册，可以使用 Vue 的________方法。

2. 要进行局部注册，可以在 Vue 组件的选项中使用________属性。

3. Vue 引入了 <template> 标签，允许我们在其中书写 HTML 代码，并通过________属性绑定到组件的 template 属性上。

4. 在子组件中，使用________选项来声明需要从父级接收到的数据。

5. 当子组件需要将数据传递给父组件时，它可以通过________来触发一个自定义事件，并将数据作为事件的参数传递给父组件。

二、判断题

1. 组件化开发提高了代码模块化和可维护性。（　　）
2. 每个 Vue 组件应该共享同一个数据对象以便实现数据共享。（　　）
3. 将组件模板代码写在 HTML 结构中有助于提高代码的可读性和可维护性。（　　）
4. 在 Vue 组件中，数据选项必须是一个函数，而不是一个对象。（　　）
5. 组件之间的通信可以通过 props 和 Events 实现父子组件之间的数据传递。（　　）

三、简答题

1. 为什么在 Vue 中每个组件都应该拥有独立的数据对象？
2. 简要说明 Vue 中的 props 和 Events 是如何实现父子组件通信的。

四、实操题

请设计一个包含父组件和子组件的简单 Vue 应用，实现以下功能：

- 父组件名为 parent-component，子组件名为 child-component。
- parent-component 包含一个按钮，单击按钮后会向 child-component 传递一个名为 message 的 prop。
- child-component 接收 message 的 prop，并在一个带有插槽的模板中显示该消息。
- 在页面上使用 parent-component，展示其功能。

项目 4　Vue 全局属性指令

在前面的项目中我们学习了 Vue 指令和 Vue 组件，本项目将围绕 Vue 常用的全局 API、实例属性及组件进阶进行讲解。Vue 作为一款现代化的 JavaScript 框架，提供了丰富的全局 API 和实例属性，使开发者能够构建灵活、可扩展的 Web 应用程序。全局 API 允许我们在应用程序的任何地方注册和管理组件、指令和过滤器，以实现代码的模块化和可重用性。实例属性则提供了访问和操作组件数据、属性和生命周期钩子的便捷方式，能够实现动态的数据处理和交互。

知识目标 1

- 了解 Vue 全局 API 和实例属性的概念和作用
- 理解全局 API 和实例属性在 Vue 框架中的角色和功能
- 熟悉常见的 Vue 全局 API
- 熟悉常见的 Vue 实例属性，如 $data、$props、$refs 等
- 掌握如何使用 Vue 全局 API 和实例属性扩展和定制 Vue 应用程序的功能和行为

能力目标 2

- 具备使用全局 API 的能力，包括 Vue.extend、Vue.directive、Vue.use 等
- 具备使用实例属性的能力，包括 $data、$props、$refs 等
- 能够根据需求使用全局 API 和实例属性扩展和定制 Vue 应用程序的功能和行为
- 能够根据需求使用全局 API 和实例属性，以实现代码的可扩展性和可定制性

素养目标 3

- 培养灵活扩展和定制的编程理念

4.1 常用全局 API

Vue 的全局 API 允许我们在应用程序的任何地方注册和管理组件、指令和过滤器，以实现代码的模块化和可重用性。这些 API 提供了一种简洁而强大的方式来扩展 Vue 应用程序的功能和行为。在上一个项目中，我们已经学会了运用 Vue.component 的方式创建全局组件，使其在应用程序的任何地方都可以使用。通过组件化的开发方式，我们可以将复杂的 UI 拆分成独立的组件，提高代码的可维护性和重用性。本节将继续介绍几个常用的全局 API。

4.1.1 Vue.directive

Vue 指令是一种特殊的属性，以 v- 开头，用于扩展 HTML 元素的功能和行为。通过使用指令，我们可以在模板中直接操作 DOM 元素、监听事件、绑定数据等。Vue 提供了一些内置指令，如 v-if、v-for 等，同时也允许自定义指令来满足特定的需求。通过自定义指令可以对低级 DOM 元素进行访问，为 DOM 元素添加新的特性。下面通过实例 4－1 进行演示。

【实例 4－1】

```
<div id="app">
    <button v-font-size @click="changeFontSize">Change font-size</
    button>
    <p v-text="message"  :style="{fontSize:size}"></p>
</div>
<script>
Vue.directive('font-size',{
    bind: function(el, binding, vnode) {
            el.style.fontSize = '15px';
        }
})
//创建 Vue 实例
var app = new Vue({
    el: '#app',
    data: {
        message: '单击以上按钮，改变当前文字大小！',
        size: '20px'
    },
    methods: {
        changeFontSize: function() {
            this.size = this.size === '20px' ? '30px' : '20px';
        }
```

```
        }
    });
    </script>
```

在上面的实例中，定义了一个自定义指令 v-font-size，并将其绑定到了一个 button 按钮元素上。在自定义指令 font-size 的 bind 钩子函数中，设置被绑定的元素的文字大小为 15px，即 button 按钮的文字大小是 15px。当按钮被单击时，通过 @click 事件监听器调用 changeFontSize 方法，方法内部用于切换 size 数据属性的值为 20px 或 30px。此数据通过绑定内联样式将直接体现在 <p> 段落的文字上。同时，通过 v-text 指令将 message 数据属性的值显示在 <p> 标签中。运行效果如图 4－1 所示。

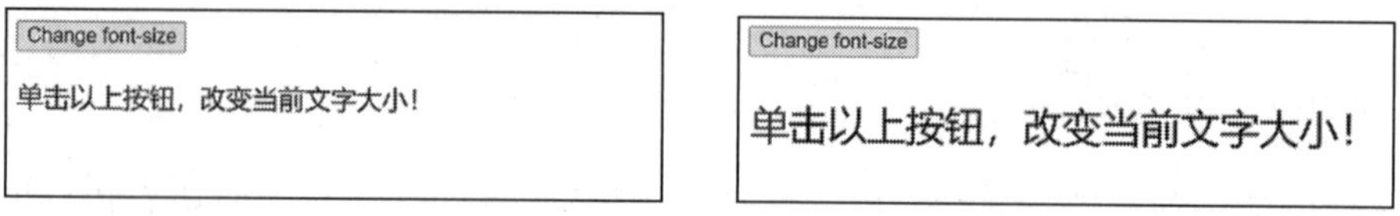

图 4－1　自定义指令在代码中的运行效果

Vue.directive 用于注册全局自定义指令。它允许在 Vue 应用中创建可重用的指令，以便在模板中直接使用。其基本语法为：

```
Vue.directive('directiveName', {
  // 指令的生命周期钩子函数和其他属性
});
```

其中：

directiveName 是指令的名称，在调用该指令时以 v- 开头。例如，如果想创建一个名为 my-directive 的指令，可以使用 v-my-directive 在模板中调用它。如果指令名称采用了驼峰式的写法，在调用时应将大写字母转换成小写字母，并用短横线分割，如定义 myDirective 的指令，应使用 v-my-directive 进行调用。

指令对象可以包含多个属性，其中最常用的是生命周期钩子函数。以下是一些常用的生命周期钩子函数：

bind：指令第一次绑定到元素时调用。

inserted：元素插入父节点时调用。

update：指令所在组件的 VNode 更新时调用，但可能发生在其子 VNode 更新之前。

componentUpdated：指令所在组件的 VNode 及其子 VNode 全部更新后调用。

unbind：指令与元素解绑时调用。

在每个生命周期钩子函数中，可以执行与指令相关的操作，如操作 DOM 元素、绑定事件监听器、更新数据等。指令对象中的 bind 钩子函数是必需的，它会在指令第一次绑定到元素时调用。其他钩子函数是可选的，根据需求选择使用。

Vue 中还可以使用局部自定义指令，这些指令只在特定组件内有效。相比于全局自定义指令，局部自定义指令更为灵活，可以根据组件的需要进行定制。

要在组件中使用局部自定义指令，可以在组件的 directives 选项中注册指令。使用方法见下方代码：

```
Vue.component('my-component', {
directives: {
'my-directive': {......}
}
})
```

4.1.2 Vue.extend

Vue.extend 用于基于 Vue 构造器创建一个 Vue 子类，可以对 Vue 构造器进行扩展，同时也可以使用 Vue.extend 创建可重用的组件构造函数，具体使用方法见实例 4－2。

【实例 4－2】

```
<div id="app">
        <the-first-component></the-first-component>
    </div>
    <script>
        //使用 Vue.extend 创建可重用的组件构造函数
        var MyComponent = Vue.extend({
            template: '<h1>{{ message }}</h1>', //组件的模板
            data: function() {
                return {
                    message: 'helloworld'
                };
            },
            methods: {
                sayHello: function() {
                    console.log('We are learning Vue.extend');
                }
            },
            created: function() {
                console.log('MyComponent is created!');
            }
        });
        //在 Vue 实例中注册和使用组件构造函数
        var vm = new Vue({
            el: '#app',
            components: {
                'theFirstComponent': MyComponent
            }
        });
    </script>
```

在上面的代码中，创建了一个名为 MyComponent 的组件构造函数。在 template 中定义了组件的模板为 h1 级的标题，并通过插值语法来显示 message 的值。在 data 中定义了组件的响应式数据，有一个 message 属性。这里要注意的是，data 选项在 Vue.extend 中必须是函数，并且属性通过 return 进行返回。

在 methods 中定义了组件的一个 sayHello 方法，在 created 钩子函数中，输出一条测试消息表示组件已经被创建。在 Vue 实例中，使用 components 选项来注册和使用这个组件构造函数。在 components 选项中，将组件构造函数 MyComponent 与 theFirstComponent 的组件名称进行关联。运行效果如图 4 - 2 所示。

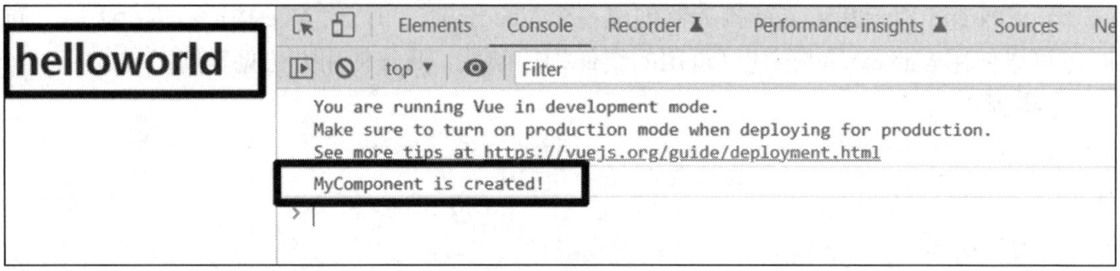

图 4 - 2　使用组件构造函数声明组件的运行效果

Vue.extend 的基本语法为：

```
var ExtendedComponent = Vue.extend(options)
```

其中：

ExtendedComponent 是组件构造函数名；

options 是一个包含组件选项的对象，可以包含 data、methods、computed、watch、created 等选项，用于定义组件的行为和功能。

Vue.extend 允许创建可重用的组件构造函数，从而扩展 Vue 组件的功能和行为，有以下几种适用场景。

（1）创建可重用的组件：使用 Vue.extend 可以创建一个组件构造函数，该构造函数可以被多次实例化并在不同的地方使用。这样可以提高代码的可重用性，减少重复编写相似代码的工作量。

（2）动态创建组件：Vue.extend 允许在运行时动态地创建组件。这对于需要根据条件或用户交互来创建组件的情况非常有用。我们可以根据需要创建不同的组件实例，并将它们插入 DOM 中。

（3）创建高级组件：通过扩展 Vue 组件的功能，可以创建更高级的组件。我们可以添加自定义的数据、方法、生命周期钩子等，以满足特定的需求。这使得我们可以根据项目的要求，灵活地定制和扩展组件的功能。

（4）封装第三方组件库：有时可能需要对第三方组件库进行封装，以适应自己的项目需求或提供更好的集成体验。使用 Vue.extend 可以创建一个新的组件构造函数，并在其中对第三方组件进行包装和定制。

Vue.extend 是 Vue 2.x 版本的语法。在 Vue 3.x 版本中，推荐使用 defineComponent 函数来定义组件。

4.1.3 Vue.use

此处可参看视频：

4-1 Vue.use 的用法

Vue.use 是 Vue.js 提供的一个用于安装插件的方法。通过调用 Vue.use，可以将一个插件安装到 Vue 应用中，以扩展 Vue 的功能。那么在 Vue 框架中，什么是插件呢？在 Vue 中，插件是一种可扩展 Vue 功能的方式。插件可以添加全局方法、指令、混入、过滤器等，以及在 Vue 实例上添加实例方法。插件的目的是封装和共享可重用的代码，使其在多个 Vue 应用中可以方便地使用。

在弄清楚 Vue.use 应该如何使用之前，我们应该了解插件是如何编写及使用的。插件通常以对象或函数的形式存在，具有一个 install 方法。当使用 Vue.use 安装插件时，会调用插件的 install 方法，并传入 Vue 构造函数作为参数。插件可以在 install 方法中执行一些初始化逻辑，如添加全局方法、注册全局指令等。

使用 Vue.use 安装的插件需要满足以下条件：

- 插件必须是一个对象或一个包含 install 方法的函数。
- 如果插件是一个对象，则必须包含 install 方法。

install 方法会在安装插件时被调用，接收 Vue 构造函数作为参数。

下面是一些常见的插件用法：

1. 添加全局方法或属性

插件可以通过在 Vue 构造函数或其原型上添加方法或属性，使其在所有组件中可用。例如，可以添加一个全局方法来处理日期格式化，代码如下所示：

```
Vue.myGlobalMethod = function(date) {
  //处理日期格式化的逻辑
};
```

2. 注册全局指令

插件可以通过调用 Vue.directive 方法注册全局指令，使其在所有组件中可用。例如，可以注册一个全局指令来实现自定义的交互效果，代码如下所示：

```
Vue.directive('my-directive', {
  bind: function(el, binding) {
    //指令绑定时的逻辑
  },
  update: function(el, binding) {
    //指令更新时的逻辑
  }
});
```

3. 添加全局混入

插件可以通过调用 Vue.mixin 方法注册全局混入，使其在所有组件的生命周期钩子中生效。混入可以用来共享组件之间的逻辑和方法，代码如下所示：

```
Vue.mixin({
  created: function() {
    //在组件创建时执行的逻辑
  },
  methods: {
    //共享的方法
  }
});
```

4. 扩展 Vue 实例

插件可以通过向 Vue.prototype 添加属性或方法，将它们添加到每个 Vue 实例中，使其成为实例方法。例如，可以添加一个实例方法来处理数据请求，代码如下所示：

```
Vue.prototype.$http = function() {
  //处理数据请求的逻辑
};
```

【实例 4－3】编写一个简单的插件并在 Vue 应用中使用它。

```
//定义一个名为 myFirstPlugin 的插件
var myFirstPlugin = {
    install: function(Vue) {
        //在 Vue 的原型上添加一个全局方法或属性
        Vue.myFirstMethod = function() {
console.log('This is the First method');
        };
        //添加一个全局指令
        Vue.directive('my-directive', {
            bind: function(el, binding) {
                //指令绑定时的逻辑
                el.style.color = binding.value;
            },
            update: function(el, binding) {
                //指令更新时的逻辑
                el.style.color = binding.value;
            }
        });
        //添加一个全局混入
        Vue.mixin({
```

```
            created: function() {
              //组件创建时的逻辑
              console.log('Component created');
            }
          });
          //添加一个实例方法
          Vue.prototype.$myMethod = function() {
            console.log('This is an instance method');
          };
        }
      };
      //在 Vue 应用中使用插件
      Vue.use(myFirstPlugin);
      //创建 Vue 实例
      var app = new Vue({
      el: '#app',
      created: function() {
        //在组件中使用插件添加的全局方法和实例方法
        Vue.myFirstMethod();  //输出: This is the First method
        this.$myMethod();     //输出: This is an instance method
      }
      })
```

运行代码之后，最终运行效果如图 4－3 所示。

Component created	demo03.html:33
This is the First method	demo03.html:16
This is an instance method	demo03.html:38

图 4－3　编写插件及调用后的运行效果

4.2 常用实例属性

本节将深入研究 Vue 实例的常用属性，这些属性可以帮助我们更好地操作和访问 Vue 实例的内部信息。vm.$data 就是一个实例属性，它用来获取 vm 实例中的数据对象，如使用 vm.$props 属性接收传递的数据，使用 vm.$options 属性创建自定义选项等。

4.2.1　vm.$el、vm.$data

在创建 Vue 实例时，我们经常设置 el、data 等选项，同时 data 选项里面又可以定义很多属性（常称为数据属性）；在创建好的 Vue 实例中，又可以通过 vm.$el、vm.$data 的方式获取 el 所挂载的 DOM 元素和 data 对象内的数据信息。

$el 是一个指向 Vue 实例关联的 DOM 元素的引用。通过访问 $el，可以获取 Vue 实例所挂载的根元素。这使得我们可以直接操作和访问根元素的 DOM 属性和方法。

$data 是一个指向 Vue 实例数据对象的引用。通过访问 $data，我们可以直接访问和修改 Vue 实例的数据。

【实例 4-4】使用 $el 属性来访问根元素，展示如何使用 $data 属性来访问和修改数据。

```
//创建一个 Vue 实例
var app = new Vue({
    el: '#app', //挂载到 id 为 app 的 DOM 元素上
    data: {
        message: 'hello world!'
    }
});
//访问根元素
console.log(app.$el);              //输出：<div id="app">hello world!</div>
//访问数据
console.log(app.$data.message);  //输出：hello world!
//修改数据
app.$data.message = 'HELLO WORLD!';
console.log(app.$data.message);  //输出：HELLO WORLD!
```

在上面的代码中，创建了一个名为 app 的 Vue 实例，并将其挂载到 id 为 app 的 DOM 元素上。在实例内部的 data 中定义了一个名为 message 的数据属性。通过 app.$el，我们可以获取这个根元素，并将其输出到控制台。通过 app.$data.message，我们可以访问到数据属性 message 的值，并将其输出到控制台。同时，也可以通过修改 app.$data.message 来改变数据的值。一般来说，我们在访问 data 中的数据属性时，省略 $data，即通过 app.message 也可以访问并修改其数据，运行结果如图 4-4 所示。

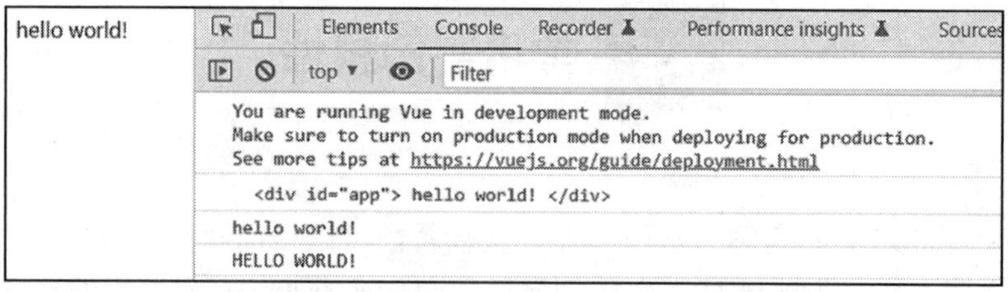

图 4-4　使用 $el 和 $data 访问信息的运行结果

4.2.2　vm.$props

vm.$props 是 Vue.js 组件实例中的一个特殊属性，它包含了父组件传递给子组件的属性。通过访问 $props，可以在子组件中访问和使用这些属性。下面通过实例 4-5 来理解

vm.$props 的用法，同时在这个例子中加入了包含 $options、$slots、$attrs 等属性的使用，在后面介绍其他属性的使用方法时，依然可以依托此实例进行讲解。此部分我们只需学习 vm.$props 即可。

【实例 4-5】

```
<!-- 根组件 -->
<div id="app">
    <child-component id="test" message="Hello world from parent!">
        <p>This is the content of the slot.</p>
    </child-component>
</div>
<template id="childComponent">
    <div>
        <p>Message from parent: {{ $props.message }}</p>
        <p>Component options: {{ $options.customOption }}</p>
        <p>Slot content: <slot></slot></p>
        <p>Non-reactive attributes: {{ $attrs }}</p>
        <p>Child components: {{ $children }}</p>
        <p>Root component: {{$root.$el}}</p>
    </div>
</template>
<script>
    //子组件
    Vue.component('child-component', {
        props: ['message'],
        template:'#childComponent',
        customOption:"我是自定义的数据",
        mounted() {
            console.log(this.$props.message); //输出父组件传递的属性
            console.log(this.$options);       //输出组件的选项
            console.log(this.$slots);         //输出插槽内容
            console.log(this.$attrs);         //输出非响应式属性
            console.log(this.$children);      //输出子组件实例数组
            console.log(this.$root.$el);      //输出根组件实例
        }
    });
    //创建根组件实例
    var app = new Vue({
        el: '#app'
    });
```

在上面的实例中，定义了一个 id 为 app 的根组件 div，其中包含一个子组件 child-component。子组件使用了 $props、$options、$slots、$attrs、$children 和 $root 这些属性。

当子组件被挂载时，我们在 mounted 钩子函数中输出了这些属性的值，以便演示它们的使用。运行结果如图 4－5 所示。

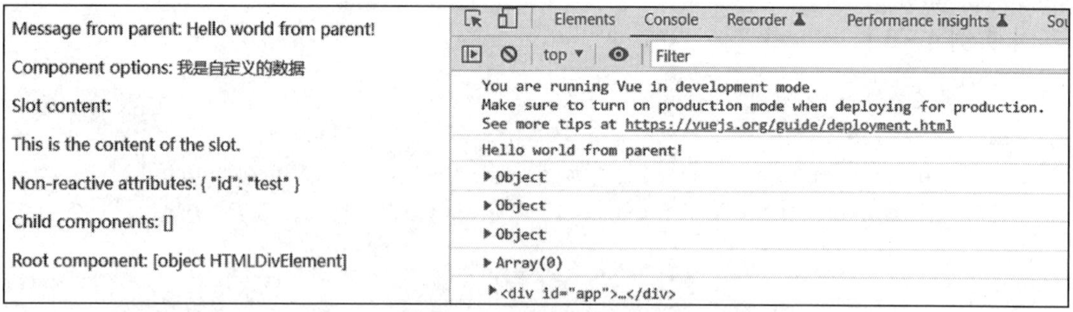

图 4－5　通过组件实例属性访问后的运行结果

在调用 child-component 的实例中，我们通过 message 属性传递了"Hello world from parent!"字符串的值。在子组件 child-component 的声明中，通过 $props.message 的方式访问父组件传递来的属性。但通常在实际使用中，会直接省略 $props，而直接使用 this.message 的形式进行访问。

下面是针对 $props 的详细介绍，便于理解父组件传值及访问方式：

（1）属性来源：$props 中的属性来自父组件。父组件通过在子组件标签上使用属性绑定语法（v-bind 指令）或直接声明属性值的方式将属性传递给子组件。子组件可以通过 $props 访问这些属性。

（2）属性的响应性：$props 中的属性是只读的，它们不会自动响应数据的变化。这意味着如果父组件中的属性发生变化，子组件中的 $props 不会自动更新。如果需要在子组件中对属性进行修改或响应变化，应该使用组件的 data 属性来定义自己的响应式数据。

（3）属性的访问方式：在子组件中，可以通过 $props 对象来访问父组件传递的属性。例如，如果父组件将一个名为 message 的属性传递给子组件，子组件可以通过 $props.message 来访问它。

（4）属性的使用方式：子组件可以在模板中直接使用 $props 中的属性。例如，可以在模板中使用插值表达式 {{ $props.message }} 来显示父组件传递的 message 属性的值。

（5）属性的类型检查：默认情况下，Vue.js 不会对 $props 中的属性进行类型检查。如果需要进行类型检查，可以通过在子组件的 props 选项中定义属性的类型，以确保传递的属性符合预期。类型检查的详细信息可以参考 Vue.js 的官方文档。

总体来说，$props 是一个用于访问父组件传递给子组件的属性的特殊属性。通过使用 $props，子组件可以轻松地获取和使用父组件的属性，并在模板中显示它们的值。请注意，$props 中的属性是只读的，如果需要在子组件中修改属性或对其进行响应式处理，应该使用组件的 data 属性来定义自己的响应式数据。

4.2.3 vm.$refs

vm.$refs 属性用于注册引用信息。vm.$refs 对象允许注册 DOM 元素或子组件，以便在整个组件树中直接访问它们。这避免了通过 DOM 遍历或组件间通信查找某个元素的麻烦。vm.$refs 是一个对象，其属性是注册过 ref 特性的所有 DOM 元素和组件实例。它通常用来直接操作 DOM 或者在组件间建立联系。

此处可参看视频：

4－2 $refs 的用法

当在元素上使用 ref 特性时，会注册该元素在 vm.$refs 对象上的键为特性值，该特性值为该元素的 DOM 元素。这样可以直接通过 vm.$refs 获得相应的 DOM 元素进行操作。同时需要注意，vm.$refs 在组件渲染完成之后才会被填充，所以只能在 mounted 或之后的生命周期钩子中使用。

1. 在 DOM 元素上使用 $refs

$refs 可以用来注册 DOM 元素，获得其 DOM 对象；其作用是避免通过 DOM 查询获取元素的麻烦。使用步骤如下：

（1）在 DOM 元素上添加 ref 特性，值为一个唯一标识名：

```
<p ref="info">这里是段落内容</p>
```

（2）在 mounted 钩子中获取该元素：

```
mounted() {
  const infoEl = this.$refs.info //获取p元素
}
```

（3）可以直接读取或修改 DOM 元素：

```
//读取文本内容
const text = this.$refs.info.textContent
//修改文本内容
this.$refs.info.textContent = '新文本'
```

（4）不要在初始化前访问 $refs，该对象只在 DOM 渲染后才填充：

```
// mounted 前访问无效
beforeMount() {
  console.log(this.$refs.info) // undefined
}
```

【实例 4－6】

```
<!-- 根组件 -->
<div id="app">
    <p>姓名：{{name}}</p>
    <p ref="info"></p>
```

```
    <button @click="change">修改姓名</button>
</div>
<script>
    const app = new Vue({
    el: '#app',
    data: {
        name: '张三'
    },
    methods: {
        change() {
            this.name = '李四'
            //直接修改 DOM
            this.$refs.info.textContent = '姓名：' + this.name
        }
    }
    })
</script>
```

在这个实例中，对第二个 p 元素添加了 ref 的属性，其唯一标识名为‘info’。通过 ref 获取了第二个 p 元素，并在 change 方法中通过 $refs.info.textContent 的方式直接修改了它的文本内容，运行结果如图 4－6 所示。

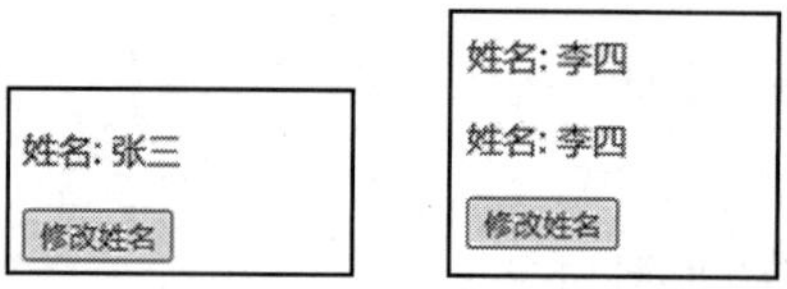

图 4－6　通过 $refs 的方式修改 DOM 元素的文本内容运行结果

2. 在子组件上使用 $refs

$refs 也可以注册子组件实例，获得其引用，用于跨组件间的通信。使用步骤如下：

（1）在组件上添加 ref 属性，值为一个唯一标识名：

```
<my-component ref="myCom"></my-component>
```

（2）在 mounted 后，该属性值为组件实例：

```
mounted() {
  const myCom = this.$refs.myCom
}
```

（3）可以直接调用组件的方法，访问数据：

```
//调用方法
this.$refs.myCom.someMethod()
//获取子组件数据
```

```
const message = this.$refs.myCom.message
```

（4）同样需要等待 mounted 后才能获取组件实例的值。

【实例 4-7】

```
<!-- 根组件 -->
<div id="app">
    <my-component ref="myCom"></my-component>
    <button @click="changeMessage">修改子组件数据</button>
</div>
<script>
    const app = new Vue({
    el: '#app',
    components:{
        'my-component':{
            template:"<div>{{message}}<div>",
            data:function(){
                return {
                    message:"hello world"
                }
            }
        }
    },
    methods: {
        changeMessage() {
            //修改子组件数据
            this.$refs.myCom.message = 'hello vue'
        }
    }
    })
</script>
```

在这个实例中，声明了一个名为 my-component 的子组件，在调用该组件的实例时，为其添加了 ref 特性，并命名了唯一标识符（myCom）。通过触发单击事件调用 changeMessage 方法，在 changMessage 方法中使用 $refs.myCom 的方式修改了该组件实例中的 message 属性。运行结果如图 4-7 所示。

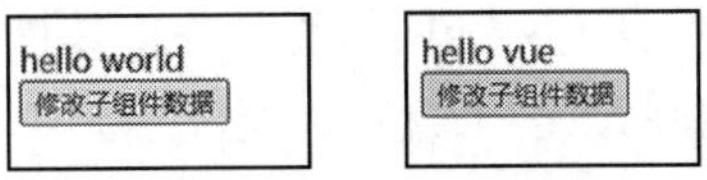

图 4-7　通过 $refs 的方式修改子组件的属性运行结果

4.2.4　vm.$options

在 Vue 中，每个 Vue 实例都有一个 vm.$options 属性，它是一个包含创建该实例时传递选项的对象。除了可以访问 Vue 实例的内置选项（如 data、methods、computed 等），我们还可以在创建 Vue 实例时添加自定义选项，并通过 vm.$options 来访问和修改这些自定义属性。这提供了一种在 Vue 实例中存储和访问自定义配置的方式。

1. 添加自定义属性

要添加自定义属性，只需在创建 Vue 实例时将它们作为选项传递给构造函数。自定义属性可以是任何 JavaScript 值，如字符串、数字、对象等。下面是一个示例：

```
const app = new Vue({
  customOption: 'Custom value',
  created() {
    console.log(this.$options.customOption); // 输出 'Custom value'
  }
});
```

在上面的示例中，在创建 Vue 实例时添加了一个名为 customOption 的自定义选项，并将其值设置为 'Custom value'。在 created 生命周期钩子函数中，可以通过 this.$options.customOption 来访问该自定义选项的值。

2. 修改自定义属性

与访问自定义属性类似，我们也可以在创建 Vue 实例时使用 beforeCreate 钩子函数来修改自定义属性，这样就可以根据需要动态地更改自定义选项的值。下面是一个示例：

```
const app = new Vue({
  customOption: 'Original value',
  beforeCreate() {
    this.$options.customOption = 'Modified value';
  },
  created() {
    console.log(this.$options.customOption); // 输出 'Modified value'
  }
});
```

在上面的示例中，我们使用了 beforeCreate 钩子函数来修改 customOption 的值，通过将 this.$options.customOption 设置为新的值，改变了自定义选项的内容。在 created 生命周期钩子函数中，访问了修改后的自定义选项的值，并将其打印到控制台。

【实例 4-8】添加、访问和修改多个自定义属性。

```
<!-- 根组件 -->
<div id="app">
</div>
<script>
    const app = new Vue({
```

```
        el: '#app',
        customOption1: 'Value 1',
        customOption2: {
            prop1: 'Value 2',
            prop2: 42
        },
        methods: {
            greet() {
                console.log('Hello, Vue!');
            }
        },
        beforeCreate() {
            this.$options.customOption1 = 'Modified value 1';
            this.$options.customOption2.prop1 = 'Modified value 2';
            this.$options.methods.greet = function() {
            console.log('Modified greeting!');
            };
        },
        created() {
            console.log(this.$options.customOption1); //输出 'Modified value 1'
            console.log(this.$options.customOption2); //输出 { prop1: 'Modified
            value 2', prop2: 42 }
            this.$options.methods.greet(); //输出 'Modified greeting!'
        }
        });
</script>
```

在上面的例子中，我们创建了一个 Vue 实例，并添加了多个自定义选项。其中，customOption1 是一个字符串，customOption2 是一个包含两个属性的对象。另外，还定义了一个 greet 方法作为 methods 选项的值。在 beforeCreate 钩子函数中，我们修改了 customOption1 的值，将 customOption2 的 prop1 属性的值修改为 'Modified value 2'，并将 greet 方法替换为一个新的函数。

在 created 生命周期钩子函数中，我们访问了修改后的自定义选项的值，并将其打印到控制台；同时还调用了修改后的 greet 方法，输出了修改后的问候语。运行结果如图 4－8 所示。

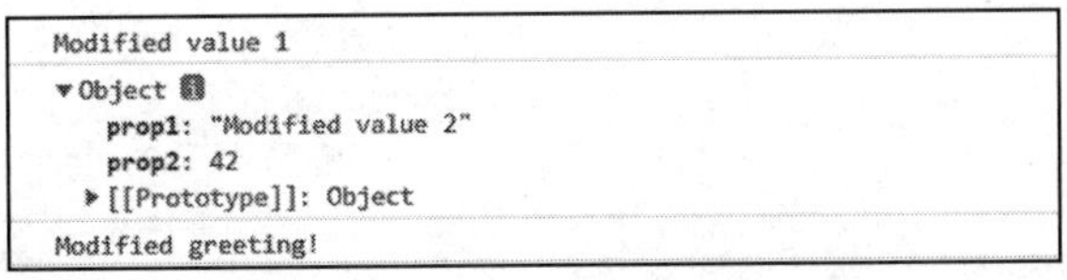

图 4－8　利用 $options 访问和修改自定义属性运行结果

在实例 4－5 中，我们声明了 child-component 的子组件，并且在组件中定义了 customOption

的自定义属性，设置值为“我是自定义的数据”。在生命周期函数 mounted 中，输出了组件的自定义属性，如图 4－9 所示。

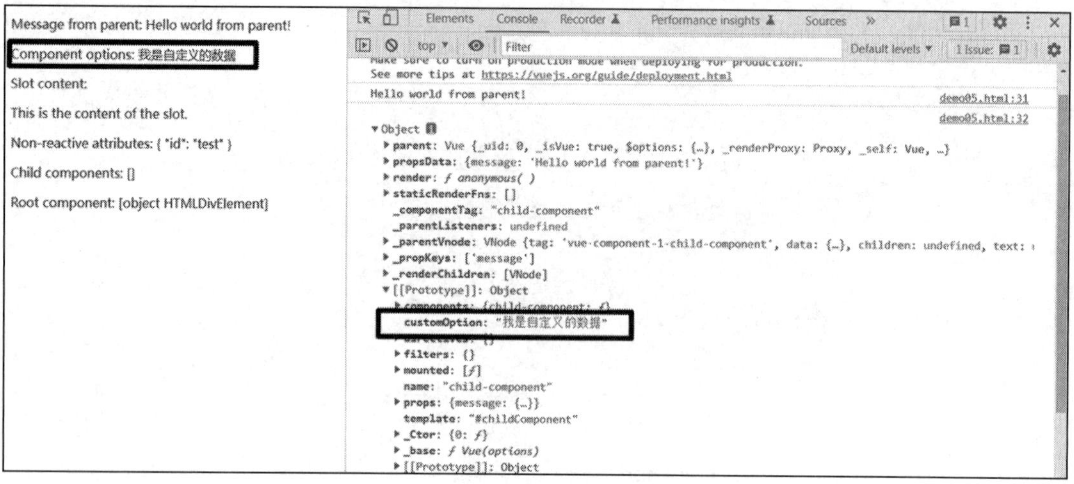

图 4－9　访问自定义属性运行结果

4.2.5　vm.$slots

在 Vue 中，插槽（slot）是一种用于向组件传递内容的机制。通过使用插槽，我们可以在组件中定义一些占位符，然后在使用该组件时，将实际内容插入这些占位符中。Vue 提供了 vm.$slots 属性，可以在组件内部访问和操作插槽内容。

1. 访问插槽内容

在组件的模板中，可以使用 slot 元素来定义插槽。当组件被使用时，插槽中的内容将被替换为实际传入的内容。在组件实例中，可以通过 vm.$slots 来访问插槽内容。vm.$slots 是一个对象，其中的键对应着插槽的名称，值则是一个包含插槽内容的数组。

下面是一个示例，展示了如何定义和访问插槽内容，具体代码如下：

```
<template>
  <div>
    <slot></slot>
  </div>
</template>
<script>
export default {
  mounted() {
    console.log(this.$slots.default); // 输出插槽内容
  }
};
```

```
</script>
```

在上面的示例中，创建了一个简单的组件，其中包含一个默认插槽。

在组件的 mounted 函数中，可以通过 this.$slots.default 来访问默认插槽的内容。this.$slots.default 是一个数组，其中包含了传入的插槽内容。

2. 处理具名插槽

除了默认插槽外，还可以定义具名插槽，以便在组件中使用多个插槽。具名插槽可以通过在 slot 元素上使用 name 属性来定义，并在使用组件时通过相应的属性名来传递内容。

下面是一个示例，展示了如何定义和访问具名插槽内容，具体代码如下：

```
<template>
  <div>
    <slot name="header"></slot>
    <slot name="content"></slot>
    <slot name="footer"></slot>
  </div>
</template>
<script>
export default {
  mounted() {
    console.log(this.$slots.header);    //输出头部插槽内容
    console.log(this.$slots.content);   //输出内容插槽内容
    console.log(this.$slots.footer);    //输出底部插槽内容
  }
};
</script>
```

在上面的示例中，创建了一个具有三个具名插槽的组件。在组件的模板中，使用带有 name 属性的 slot 元素来定义具名插槽。在组件的 mounted 函数中，通过 this.$slots 来访问具名插槽的内容。this.$slots 是一个对象，其中的键对应着具名插槽的名称，值则是一个包含插槽内容的数组。

【实例 4－9】定义和使用默认插槽和具名插槽。

```
<div id="app">
    <h2>Parent Component</h2>
    <child-component>
        <template>
            <h3>This is the default slot content.</h3>
        </template>
        <template v-slot:header>
            <h3>This is the header slot content.</h3>
```

```
            </template>
            <template v-slot:content>
                <h3>This is the content slot content.</h3>
            </template>
            <template v-slot:footer>
                <h3>This is the footer slot content.</h3>
            </template>
        </child-component>
    </div>
    <template id="com1">
        <div>
            <h2>默认插槽：</h2>
            <slot></slot>
            <h2>具名插槽：</h2>
            <slot name="header"></slot>
            <slot name="content"></slot>
            <slot name="footer"></slot>
        </div>
    </template>
    <script>
    var vm=new Vue({
        el:' #app' ,
        data:{},
        methods:{},
        components:{
            childComponent:{
                template:'#com1',
                mounted() {
                    console.log('默认插槽内容：', this.$slots.default);
                    console.log('头部插槽内容：', this.$slots.header);
                    console.log('内容插槽内容：', this.$slots.content);
                    console.log('底部插槽内容：', this.$slots.footer);
                }
            }
        }
    })
    </script>
```

在上面的例子中，我们创建了一个包含默认插槽和具名插槽的组件。在组件的模板中，使用slot元素来定义插槽，并在适当的位置使用name属性来定义具名插槽。在组件的mounted钩子函数中，使用this.$slots来访问插槽内容。上述代码输出了默认插槽和各个具名插槽的内容，以便查看传入的实际内容。运行结果如图4－10所示。

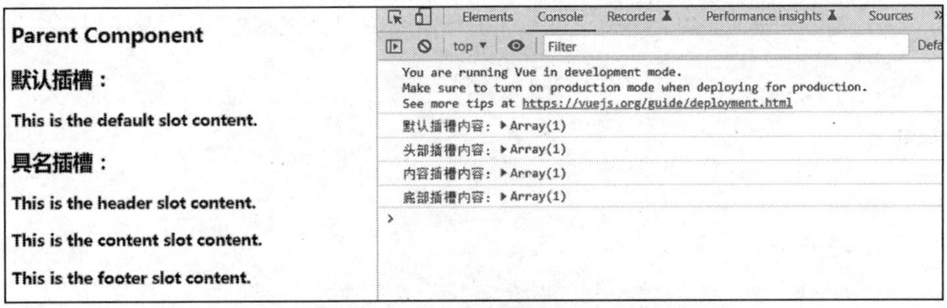

图 4－10　$slots 访问插槽内容运行结果

在实例 4－5 中，我们声明了 child-component 的子组件，并且在组件中设置了默认插槽。在生命周期函数 mounted 中，使用 this.$slots 来访问插槽内容，运行结果如图 4－11 所示。

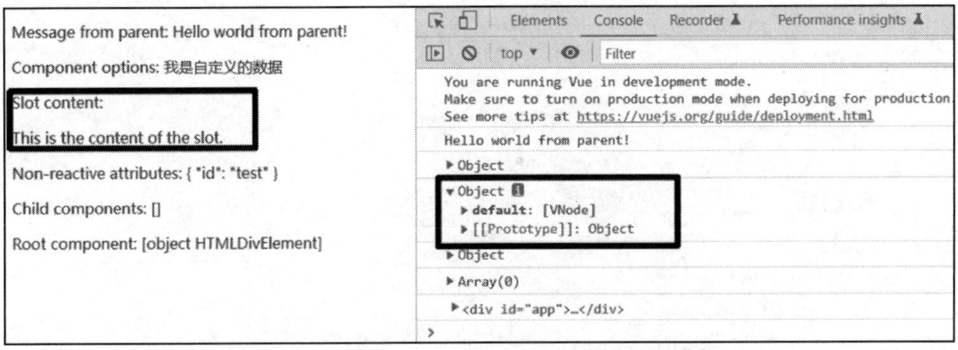

图 4－11　使用 this.$slots 访问插槽内容运行结果

需要注意的是，插槽内容可能是一个数组，因为在使用组件时，可以传入多个元素作为插槽内容。因此，当访问插槽内容时，我们需要考虑到这一点，并根据实际情况进行处理。

4.2.6　vm.$attrs

在 Vue 组件中，我们可以通过 props 属性来声明组件的特定属性，这些属性可以从父组件传递给子组件。然而，有时候可能还需要访问组件接收到的其他非特定属性。为了解决这个问题，Vue 提供了 vm.$attrs 属性，它允许我们在组件内部访问和操作这些非特定属性。

1. 访问非特定属性

在组件实例中，我们可以通过 vm.$attrs 来访问组件接收到的非特定属性。vm.$attrs 是一个对象，其中包含了组件接收到的所有非特定属性。

【实例 4－10】使用 vm.$attrs 来访问非特定属性。

```
<div id="app">
```

```
    <child-component message="this is a message" id="child01" name=
    "child">
    </child-component>
</div>
<template id="com1">
    <div>
        <h2>特定属性：</h2>
        <p>{{ message }}</p>
        <h2>非特定属性：</h2>
        <ul>
        <li v-for="(value, key) in $attrs" :key="key">
            {{ key }}: {{ value }}
        </li>
        </ul>
    </div>
</template>
<script>
var vm=new Vue({
    el:' #app' ,
    data:{},
    methods:{},
    components:{
        childComponent:{
            template:'#com1',
            props: {
                message: {
                    type: String,
                    required: true
                }
            },
            mounted() {
                console.log(this.$attrs); //输出非特定属性
            }
        }
    }
})
</script>
```

在上面的实例中，我们创建了一个简单的组件，其中声明了一个特定属性 message。在组件的模板中，使用插值语法 {{ message }} 来显示特定属性的值。在组件的 mounted 函数中，使用 this.$attrs 来访问非特定属性。我们将 this.$attrs 输出到控制台，以查看接收到的非特定属性。在模板中，使用 v-for 指令遍历 $attrs 对象，将每个非特定属性的键和值显示在一个无序列表中。最终的运行结果如图 4 - 12 所示。

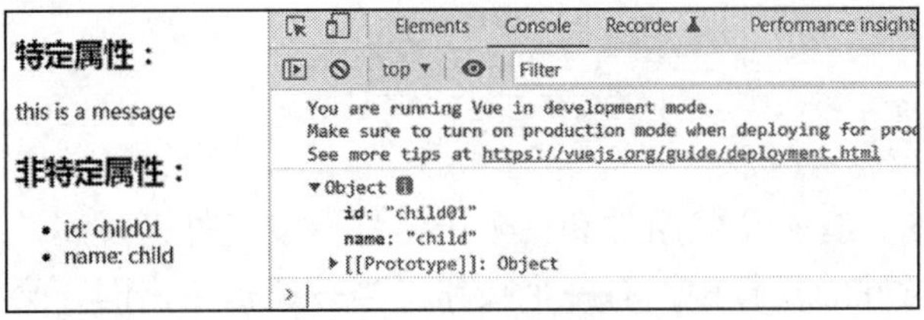

图 4－12　利用 $attrs 访问非特定属性的运行结果

2. 处理非特定属性

除了访问非特定属性，我们还可以在组件内部对这些属性进行操作。由于 vm.$attrs 是响应式的，可以使用 Vue 的响应式特性来侦听和修改非特定属性。

【实例 4－11】侦听和修改非特定属性。

```
<div id="app">
    <h2>父组件</h2>
    <button @click="changeColor">改变颜色</button>
    <child-component :color="color"></child-component>
</div>
<template id="com1">
    <div>
        <h2>子组件</h2>
        <p>颜色：{{ $attrs.color }}</p>
    </div>
    </template>
<script>
var vm=new Vue({
    el:' #app' ,
    data: {
        color: 'red'
    },
    methods: {
        changeColor() {
            this.color = 'blue';                    //改变颜色
        }
    },
    components:{
        childComponent:{
            template:'#com1',
            mounted() {
                console.log(this.$attrs.color); //输出颜色
            }
        }
```

```
    }
})
</script>
```

在上面的例子中，有一个父组件和一个子组件。父组件通过属性绑定将 color 属性传递给子组件。在父组件的模板中，有一个按钮，当按钮被单击时，会调用 changeColor 方法来改变 color 属性的值。在子组件的模板中，使用 {{ $attrs.color }} 来显示接收到的非特定属性 color 的值。在子组件的 mounted 函数中，使用 this.$attrs.color 输出接收到的非特定属性 color 的值到控制台。

当运行上述代码时，初始状态下，子组件会显示父组件传递的 color 属性的值（初始值为 'red'）。当单击按钮改变 color 属性的值为 'blue' 时，子组件的模板会自动更新，显示新的颜色值。运行结果如图 4－13 所示。

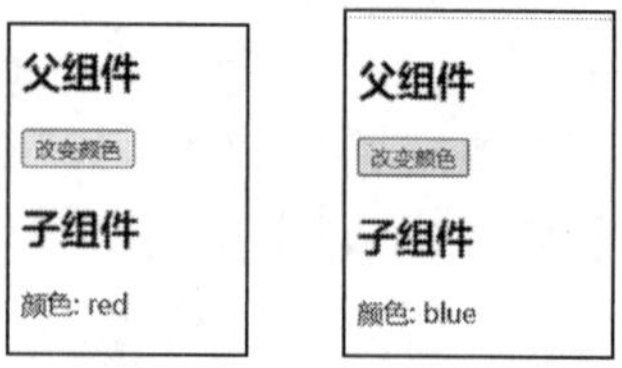

图 4－13　修改非特定属性的运行结果

在实例 4－5 中，我们声明了 child-component 的子组件，并在组件实例调用过程中加入了 id 的属性，值为 test。在生命周期函数 mounted 中，使用 this.$attrs 来输出非特定属性，如图 4－14 所示。

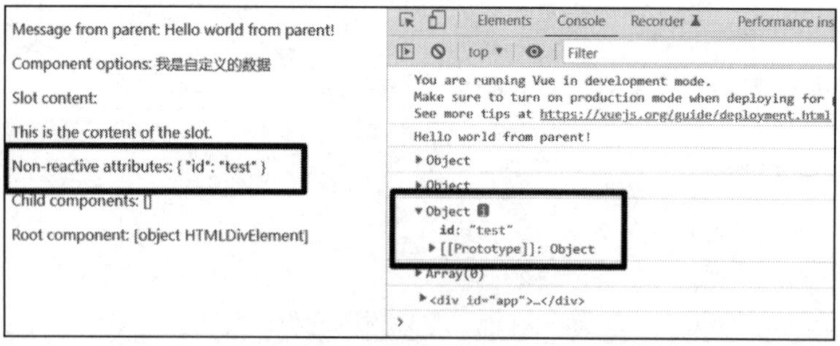

图 4－14　使用 this.$attrs 访问非特定属性的运行结果

需要注意的是，vm.$attrs 只包含父组件传递给子组件的非特定属性。如果在组件内部定义了与非特定属性同名的特定属性（props），那么这个同名的特定属性将不会出现在 vm.$attrs 中。

4.2.7　vm.$children

此处可参看视频：

4－3　$children 的用法

vm.$children 是 Vue 实例的一个属性，它提供了对当前实例直接子组件的访问。vm.$children 返回一个数组，包含了当前实例直接子组件的引用。这些子组件可以是通过 slot 插槽分发的组件，也可以是通过 v-for 指令动态生成的组件。但这个属性只包含直接子组件，不包含子组件的子组件具体见实例 4－12。

【实例 4－12】

```
<div id="app">
    <h2> 父组件 </h2>
    <child-component></child-component>
    <child-component></child-component>
</div>
<template id="com1">
    <div>
        <h2> 子组件 </h2>
    </div>
</template>
<script>
var vm=new Vue({
    el:' #app' ,
    mounted() {
        console.log(this.$children); // 输出子组件的引用数组
    },
    components:{
        childComponent:{
            template:'#com1'
        }
    }
})
</script>
```

在上面的例子中，父组件包含了两个子组件 child-component。在父组件的 mounted 函数中，我们可以通过 this.$children 访问到这两个子组件的引用，从而可以进行进一步的操作。运行结果如图 4－15 所示。

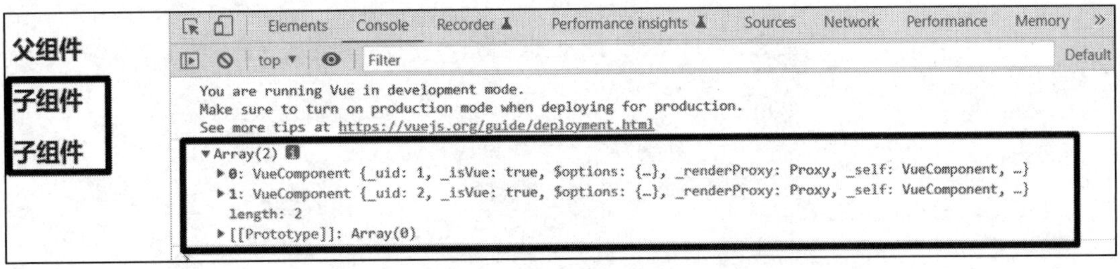

图 4－15　$children 返回子组件数组的运行结果

4.2.8　vm.$root

vm.$root 是 Vue 实例的一个属性，它提供了对根组件的访问。vm.$root 返回根组件的引用，也就是整个 Vue 应用的最顶层组件。在大多数情况下，根组件是应用的入口组件，它包含了其他所有的组件。通过 vm.$root，我们可以在任何组件中访问根组件的数据、方法和生命周期钩子，具体见实例 4－13。

【实例 4－13】

```
<div id="app">
    <h2>根组件</h2>
    <child-component></child-component>
</div>
<template id="com1">
    <div>
        <h3>子组件</h3>
        <button @click="callRootMethod">调用根组件方法</button>
    </div>
</template>
<script>
var vm=new Vue({
    el:' #app' ,
    mounted() {
        console.log(this.$root);                  //输出根组件的引用
    },
    methods: {
        rootMethod() {
            console.log('此组件为根组件')
        }
    },
    components:{
        childComponent:{
            template:'#com1',
            methods: {
                callRootMethod() {
                    this.$root.rootMethod(); //调用根组件的方法
                }
            }
        }
    }
})
</script>
```

在上面的例子中，vm 是根组件，它包含一个子组件 child-component。在根组件的 mounted 函数中，我们可以通过 this.$root 访问到根组件的引用。子组件中的按钮单击事件调用了 this.$root.rootMethod()，这样就可以调用根组件中定义的 rootMethod 方法。运行结果如图 4－16 所示。

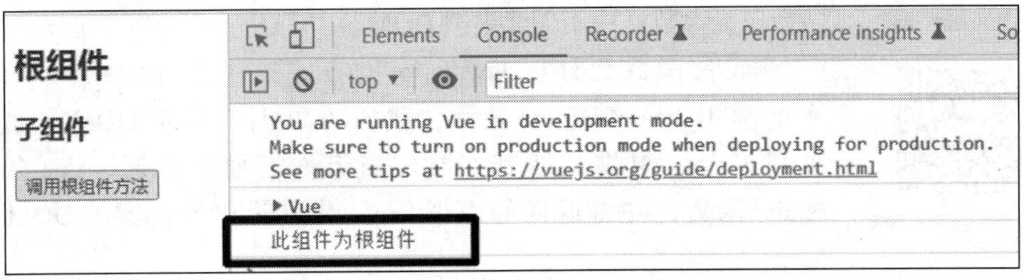

图 4－16　$root 访问根组件方法的运行结果

4.3 渲染指令

在学习 render 渲染函数之前，在 Vue 中通常使用组件模板（template）即 HTML 语法来组建页面。因为 Vue 是虚拟 DOM，所以在拿到 template 模板时也要转译成 VNode 的函数。我们还可以使用 render 函数，即可以用 JavaScript 语言来构建 DOM，用 render 函数构建 DOM，Vue 就免去了转译的过程。

组件模板（template）和渲染函数（render）都是用于描述组件 UI 的方式，它们之间存在一定的关系。

组件模板就像是组件的静态描述。想象一下，你要设计一张明信片，你可以在纸上画出明信片的样子，包括文字、图片和布局等。组件模板就像是这张纸，它是一段包含 HTML 和特定语法的代码，用于描述组件的结构、样式和交互。组件模板是一种静态的描述，它告诉 Vue 应该如何渲染组件的 UI，但它本身并不具备实际的功能。

渲染函数就像是组件的动态生成器。假设你要设计一张明信片，但你不画在纸上，而是用计算机程序来生成明信片的内容和样式。渲染函数就像是这个生成器，它是一个 JavaScript 函数，用于以编程的方式创建组件的虚拟 DOM 树。渲染函数通过调用 Vue 提供的 createElement 函数，动态地生成组件的虚拟 DOM 节点，并将它们组合成一个完整的组件结构。它可以根据需要进行逻辑判断、循环和计算等，灵活地生成组件的 UI。

需要注意的是，组件模板和渲染函数是两种不同的描述组件 UI 的方式，它们在使用上有一些差异。组件模板更直观易懂，适用于大多数情况；而渲染函数更灵活，适用于复杂的组件结构和动态组件的场景。在选择使用组件模板还是渲染函数时，可以根据具体的需求和场景进行权衡。

在 Vue 中，渲染指令 render 函数和 createElement 函数是用于编写动态模板的重要工具。它们提供了一种以编程方式创建和渲染 Vue 组件的方式，而不是使用模板语法。

4.3.1　render 函数

render 函数是 Vue 组件的一个选项，用于定义组件的渲染函数。它接收一个 createElement

此处可参看视频：

4-4 render 函数的用法

函数作为参数，用于创建虚拟 DOM。

render 函数允许以 JavaScript 的方式描述组件的结构和行为。通过调用 createElement 函数，我们可以创建虚拟 DOM 节点，并将其组合成组件的树状结构。当组件需要渲染时，Vue 会调用 render 函数，并将返回的虚拟 DOM 节点转化为真实的 DOM 进行渲染。

【实例 4-14】 render 函数的基本用法。

```
<div id="app">
    <h2> 根组件 </h2>
    <child-component></child-component>
</div>
<script>
Vue.component('child-component', {
    render(createElement) {
        return createElement('div', { class: 'my-component' }, [
        createElement('h2', 'Hello, World!'),
        createElement('p', 'This is my custom component.')
        ]);
    }
});
var vm=new Vue({
    el:' #app'
})
</script>
```

在上面的例子中，定义了一个名为 child-component 的全局组件，并在其 render 函数中使用 createElement 函数创建了一个 div 元素，存在一个名为 my-component 的类选择器，包含一个 h2 标题和一个 p 段落。这样，当该组件被渲染时，它将显示一个带有特定样式和内容的块。图 4-17 所示是运行后看到的页面效果和渲染后的 DOM 结构。

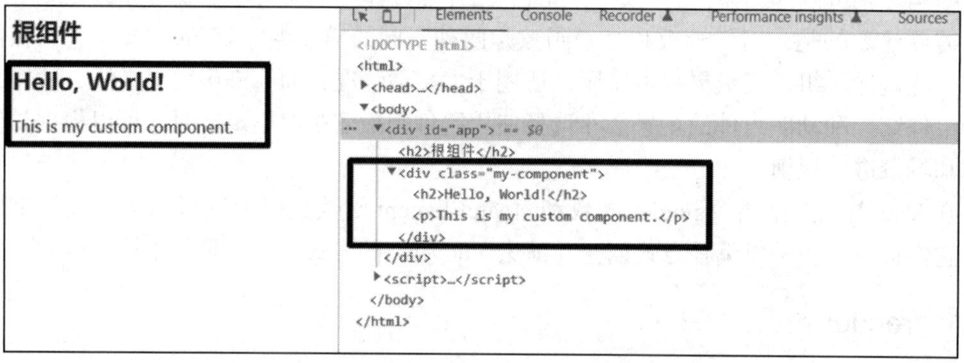

图 4-17　利用 render 函数渲染生成的 DOM 结构

4.3.2 createElement 函数

createElement 函数是 Vue 中的函数，用于创建虚拟 DOM 节点。它接收三个参数：

此处可参看视频：

4－5 createElement 函数的用法

第一个参数是标签名（或组件选项对象），表示要创建的节点的类型；可以是 HTML 标签名（如 'div' 'span'），也可以是组件选项对象（如 MyComponent）。

第二个参数是属性对象，用于设置节点的属性和事件监听器等；可以是一个普通的 JavaScript 对象，其中的键值对对应着属性名和属性值。

第三个参数是子节点数组，表示节点的子节点。子节点可以是其他的虚拟 DOM 节点，也可以是文本节点（通过字符串来表示）。

createElement 函数会返回一个虚拟 DOM 节点，它是一个 JavaScript 对象，描述了节点的类型、属性和子节点等信息。通过调用 createElement 函数，我们可以以编程的方式创建组件的虚拟 DOM 节点，并将其组合成树状结构。

【实例 4－15】createElement 函数的基本用法，例如，要创建一个简单的 <div> 节点，其中包含一个文本节点和一个具有 class 属性的子节点。

```
<div id="app">
    <h2>根组件</h2>
    <child-component></child-component>
</div>
<script>
Vue.component('child-component', {
    render(createElement) {
            //使用 createElement 函数创建虚拟 DOM 节点
        return createElement('div', { class: 'container' }, [
            'Hello, ', //文本节点
            createElement('span', { class: 'highlight' }, 'Vue'), //子节点
            ]);
    }
});
var vm=new Vue({
    el:' #app'
})
</script>
```

在上述例子中，使用 createElement 函数创建了一个虚拟 DOM 节点，表示一个 <div> 节点。它具有一个 class 属性，名为 'container'；同时包含一个文本节点（'Hello,'）和一个具有 class 属性的子节点（'Vue'）。最终，createElement 函数返回的虚拟 DOM 节点被 render 函数进行渲染，图 4－18 展示了节点的结构和内容。

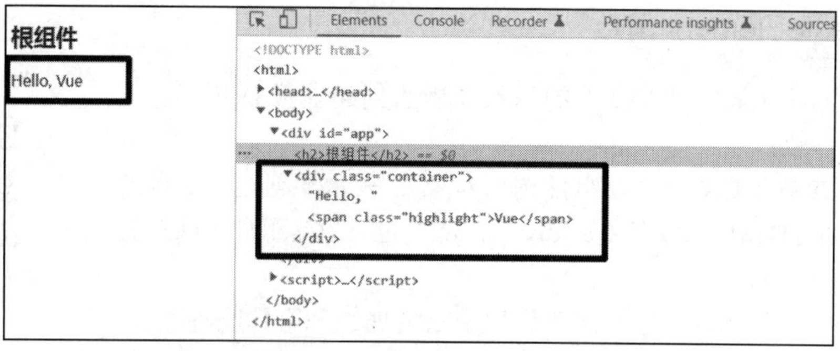

图 4－18　利用 createElement 函数构建 DOM 节点的结构和内容

项目小结

本项目详细介绍了 Vue 中常用的全局 API，如 Vue.directive、Vue.extend 等，这些 API 能够在整个应用程序中方便地管理和调用。此外，本项目还讲解了 Vue 实例常用的属性，如 $el 用于访问 Vue 实例的根 DOM 元素、$data 用于访问 Vue 实例的数据、$props 用于访问组件的 props 数据等，这些属性能够方便地访问和操作 Vue 实例的相关信息。通过掌握全局指令和属性的使用方法，以及渲染指令的应用场景，我们能更好地管理 Vue 应用程序中的指令和数据，提高开发效率，使组件更加灵活。

习　题

一、填空题

1. Vue.________用于注册全局自定义指令，Vue.________用于基于 Vue 构造器创建一个 Vue 子类。

2. Vue.use 是 Vue.js 提供的一个用于安装________的方法。

3. ________是一个指向 Vue 实例关联的 DOM 元素的引用。________是一个指向 Vue 实例数据对象的引用。

4. vm.$refs 属性用于注册引用信息。vm.$refs 是一个对象，其属性是注册________特性的所有 DOM 元素和组件实例。

5. 在 Vue 中，渲染指令________函数和________函数是用于编写动态模板的重要工具。

二、判断题

1. render 函数是用来生成虚拟 DOM 的函数，可以替代模板进行组件的渲染。(　　)

2. createElement 函数是在 render 函数中使用的函数，用于创建 VNode 节点。(　　)

3. Vue 实例的常用属性之一是 data，用于指定 Vue 实例挂载的元素。(　　)

4. el 是 Vue 实例中的一个属性，用于存储数据以便 Vue 进行响应式更新。 （ ）

5. Vue.component 是 Vue 的全局 API，用于注册全局组件。 （ ）

三、简答题

1. 请简要说明 Vue 中常用的全局指令 Vue.directive 的作用和用法。

2. 请简要说明 Vue 中的渲染指令 render 函数和 createElement 函数的作用及使用场景。

四、实操题

1. 请编写一个 Vue 组件，实现一个简单的计数器功能，包括加一和减一的按钮，并在页面上显示当前的计数值。要求使用渲染指令 render 函数和 createElement 函数来实现组件的渲染。

2. 创建一个全局指令，使得当光标悬停在元素上时，元素的背景颜色会变成红色，光标移开后恢复原来的背景颜色。

要求：

（1）使用 Vue.js 实现该功能。

（2）全局指令的名称为 v-hover-color。

（3）在一个包含多个 div 元素的 Vue 实例中，任何一个被应用了 v-hover-color 指令的元素，在光标悬停时背景颜色变为红色，移开时恢复原来的背景颜色。

项目 5 Vue 脚手架

在前面的项目中，我们主要使用 Vue.js 构建了一些简单的案例，方法是在页面中通过 <script> 标签引入 Vue.js 文件。然而，在实际开发过程中，我们经常需要处理更复杂的业务逻辑。本项目将介绍如何使用 Vue.js 脚手架工具来构建一个 Vue.js 项目。

知识目标

- 掌握 Vue CLI 3.x 脚手架的安装与使用方法
- 掌握 CLI 插件与第三方插件的使用方法
- 掌握 CLI 服务的原理
- 掌握 Vue.config.js 文件的配置方法
- 了解全局环境变量与模式的配置，以及静态资源的处理方法

能力目标

- 具备安装和配置 Vue CLI 3.x 脚手架的能力，能够熟练地创建新项目、初始化项目结构及启动开发服务器
- 掌握使用 CLI 插件和第三方插件来扩展项目功能的能力，包括安装、配置和使用这些插件
- 理解 CLI 服务的原理，并具备利用 CLI 服务提供的功能来优化开发流程和构建过程的能力
- 掌握 Vue.config.js 文件的配置方法，具备根据项目需求进行自定义配置的能力，包括修改 Webpack 配置、代理设置及公共路径等
- 了解全局环境变量与模式的配置，具备调整项目配置以适应不同环境（开发、测试、生产）并处理静态资源的能力

素养目标

- 培养良好的问题解决能力，能够针对 Vue CLI 相关的常见问题进行调试和解决
- 提高代码组织和管理能力，确保项目的结构、配置清晰合理，且易于维护
- 增强自学能力，能够紧跟 Vue CLI 的更新和新特性，持续优化项目构建流程

5.1 前端工程化

在没有接触模块化开发之前，我们都是用传统的方式去开发一个系统，系统包括大量的 HTML、CSS、JS 文件，开发完之后直接给后台人员去部署。当项目相对简单时，这样操作没有什么问题，但当项目需求不断增加、代码越来越多时，维护就是个问题了。一个文件代码都上百行甚至上千行，里面的代码甚至都是重复的，还要担心 <script> 标签依赖顺序问题，担心代码变量污染及依赖顺序问题，这时就引入了模块化，同时也引入了一些静态模块打包工具。而目前主流打包工具就是 Webpack，它有强大的社区支撑，并且支持 Es Module、CommonJS、AMD 规范。

5.1.1 前端工程化的概念

在企业级的前端项目开发中，把前端开发所需的工具、技术、流程、经验等进行规范化、标准化，具体遵循以下 4 个“现代化”准则，即模块化、组件化、规范化和自动化。

1. 模块化

模块化是指 JS 的模块化、CSS 的模块化、资源的模块化。对 JS、CSS 的功能、静态资源的类型做模块化拆分，如当用 Node 写接口时，单独把 API 接口的相关代码抽取出来写在一个 JS 文件里。

2. 组件化

组件化就是复用现有的 UI 结构、样式、行为。比如，Bootstrap、Layui 提供的按钮、导航栏等，都是可以直接拿来复用的组件。

3. 规范化

在构建目录结构、编写代码、接口等所要遵循的一些规则。

4. 自动化

自动化包含自动化构建、自动化部署、自动化测试，比如热部署、通过 Git 自动发布新改动创建的代码等自动化操作。

如果做不到上述 4 个“现代化”准则，那我们平时写的项目，其实都只是 demo。那么在开发时，有没有什么工具能帮助我们做到前端工程化呢？ Webpack 是目前主流的前端工程化的解决方案。

5.1.2 Webpack

Webpack 是一个现代 JavaScript 应用程序的静态模块打包器（Module bundler）。

Webpack 提供了友好的前端模块化开发支持，以及代码压缩混淆、处理不同浏览器端 JavaScript 的兼容性、性能优化等强大的功能。代码压缩能够提高程序的运行速度，解决兼容性问题，我们就能没有后顾之忧地在项目中写 JS 的高级代码（如 ES6）。这能让我们在开发时只需把重心放到具体功能的实现上，提高了前端开发效率和项目的可维护性。

工作原理：把项目当作一个整体，Webpack 将通过一个给定的主文件（如 index.js）开始找到项目的所有依赖文件，使用 Loader 处理它们，并将其打包为一个（或多个）浏览器可识别的文件。Webpack 比其他打包工具的处理速度更快，能打包更多不同类型的文件。Webpack 的工作原理如图 5－1 所示。

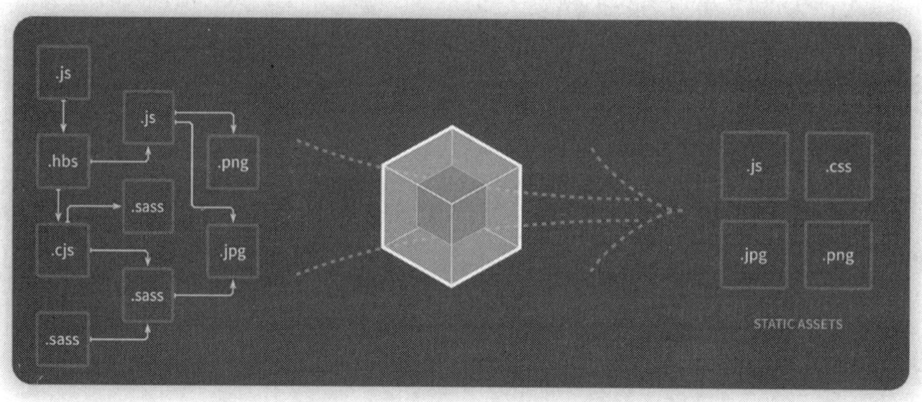

图 5－1　Webpack 的工作原理

Webpack 的优点如下：

（1）可以很好地用于单页面应用。

（2）可以打包各种文件，同时支持 require() 和 import 模块语法。

（3）使用了模块化开发，结构层次清晰。

（4）可以支持多种插件和各种各样的 Loader。

（5）热加载可以使 Vue.js 和 React 等前端框架本地开发速度更快。

Webpack 的缺点如下：

（1）不适合 Web 开发的初学者使用。

（2）对于 CSS、图片和其他非 JS 资源文件，需要先进行混淆处理。

（3）文档不够完善。

（4）不同版本的使用方法存在较大差异。

提示：开发者可以通过 NPM 安装 Webpack，并使用 Webpack 从零开始开发项目。使用 Webpack 开发需要认真学习 Webpack 配置文件的基本内容。由于本书使用了 Vue CLI 开发工程项目，Vue CLI 可以自动生成 Vue.js+Webpack 项目模板，因此对 Webpack 的配置文件不做详细介绍。

5.2 Vue CLI 脚手架工具

在使用 Vue.js 进行项目开发过程中，每次都要进行复杂的 Webpack 的配置及项目依赖项的安装。这些烦琐的操作对初学者并不是十分友好，复杂的配置文件让初学者很难写出定义良好、性能优化的配置。那么有没有更好的方法可以快速生成这些配置文件和依赖项目，让开发人员可以只专注于代码的实现呢？

Vue 官方提供了“脚手架”，以快速搭建项目基础结构。建筑工程中的“脚手架”是为了保证各施工过程顺利进行而搭设的工作平台，Vue CLI 就是 Vue 官方提供的“脚手架”工具，使用它就可以快速开始一个 Vue.js 项目，其本质就是一套文件结构，包含基础的依赖库，只需要输入 npm install 命令就可以安装，开发过程中不需要为编译或其他琐碎的事情浪费时间。

Vue CLI 致力于将 Vue.js 生态中的工具基础标准化，它确保了各种构建工具能够基于智能的默认配置即可平稳衔接，与此同时，它也为每个工具提供了调整配置的灵活性。Vue CLI 是一个基于 Vue.js 进行快速开发的完整系统，是一组用于快速原型设计、简化应用程序搭建和进行高效项目管理的工具。它使得开发人员可以专注在撰写应用上，而不必花很多时间处理配置的问题。

5.2.1 Vue CLI 简介

1. Vue CLI 的组成

Vue CLI 由三个主要的工具组成，即 CLI、CLI Service、CLI 插件。

（1）CLI。

CLI 是一个 NPM 包，通过 Vue.js 命令提供核心功能。它可以轻松构建一个新项目（vue create）或者直接通过 vue serve 构建新想法的原型，也可以通过 vue ui 构建一套图形化界面来管理所有项目。

（2）CLI Service。

CLI Service 是一个开发依赖项，安装在使用 CLI 创建的每个项目中。它可以帮助开发项目（vue-cli-service serve）、打包（vue-cli-service build），以及检查内部 Webpack 项目的配置（vue-cli-service inspect）。

（3）CLI 插件。

CLI 插件也是 NPM 包，为项目提供额外的功能。它们的名字以 @vue/cli-plugin-（内置插件）或 vue-cli-plugin-（社区插件）开头。我们可以在开发过程中通过 vue add 命令添加它们。

2. Vue CLI 的主要功能

Vue CLI 凭借其丰富的功能集，可加速和简化 Vue.js 项目的开发，其主要功能有：

（1）基于插件的架构。Vue CLI 完全围绕插件而构建，所以非常灵活和可扩展。可以选择在项目创建过程中添加哪些内置插件，还可以在创建项目后随时添加任意数量的插件。

（2）Vue CLI 完全可配置、可扩展和可升级。

（3）提供了一系列官方预装插件，集成了前端生态系统的一流工具（Babel、ESlint、Type-Script、PWA、Jest、Mocha、Cypress 等）。

（4）一个默认预设，可以在项目创建期间或之后根据需求进行修改。

（5）无须弹出。与 React 和 Angular CLI 工具相比，可以在创建项目后随时安全地检查和调整项目的 Webpack 配置，无须弹出应用程序并切换到手动配置。

（6）多页面支持。

（7）无须任何配置即可进行即时原型设计。

（8）现代模式功能。构建适用于现代浏览器的应用程序，同时兼容旧版本的浏览器。

（9）一个完整的 GUI，可轻松创建、更新和管理复杂的项目。

（10）UI 插件 API。可以用它将自定义功能添加到 CLI 的 GUI 版本中。

此处可参看视频：

5-1 使用 Vue CLI 构建项目

5.2.2 使用 Vue CLI 构建项目

在安装 Vue CLI 之前，需要安装一些必要的工具，如 Node.js。Node.js 的安装步骤和基本使用，在这里不再多加赘述。

Vue CLI 3.x 版本以后的包名称由 vue-cli（旧版）改成了 vue/cli（新版），如果已经全局安装了旧版的 vue-cli（1.x 或 2.x），需要通过以下命令进行卸载：

```
npm uninstall vue-cli-g
```

另外，如果 Vue CLI 是通过 yarn 命令安装的，则需要使用 yarn global remove vue-cli 命令进行卸载。将旧版本卸载完成后，再重新安装新版的 @vue/cli。

1. Vue CLI 脚手架的安装

打开命令行工具，通过 NPM 全局安装 Vue CLI 脚手架命令如下：

```
npm install -g @vue/cli
```

Vue CLI 安装成功后，就可以在命令行中访问 Vue 命令了。可以通过简单运行 Vue，查看是否展示出了一份所有可用命令的帮助信息，来验证它是否安装成功。可使用 vue -V 命令查看当前版本号，如图 5－2 所示。接下来，就可以通过 Vue CLI 脚手架来创建项目了。

图 5－2　查看 Vue CLI 版本号

如需升级全局的 Vue CLI 包，运行命令如下：

```
npm update -g @vue/cli
```

2. 使用 vue create 命令创建项目

Vue CLI 安装成功后，在命令行窗口中，可以使用 vue create 命令来创建项目，该命令会自动生成项目所需的文件、目录、配置和依赖。例如，要创建一个名为 hello-world 的项目，其命令如下：

```
vue create hello-world
```

执行 vue create 命令后，可以看到如图 5－3 所示的界面。

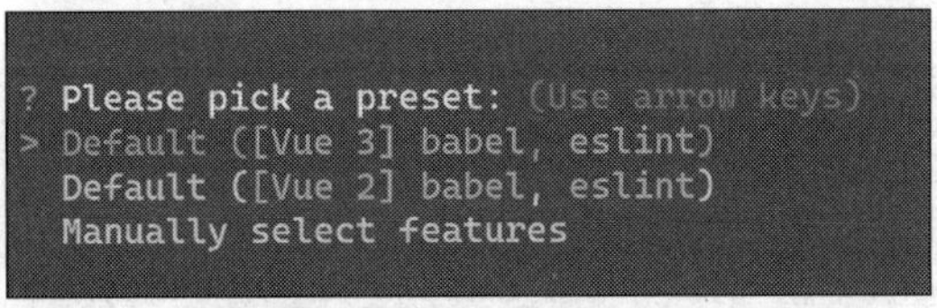

图 5－3　vue create 命令运行结果

在这一步，可以通过键盘上 / 下键选择创建项目的方式，Default 是默认选择项，官方默认版本选择的 Vue 3，我们使用的是 Vue 2，所以要选择 Vue 2 的默认设置项。Default 表示选用默认方式创建项目，这种方式包含基本的 Babel 和 ESlint 的设置，适合快速构建项目。Manually select features 选项表示选用手动配置方式创建项目，可以选择项目所需要的 NPM 包。读者可以根据实际需要选择创建项目的方式，在这里，选择手动配置方式创建 hello-world 项目，手动配置界面如图 5－4 所示。

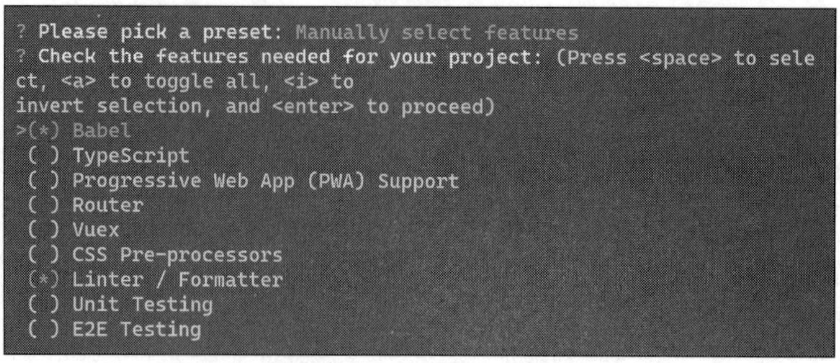

图 5－4　手动配置界面

在此界面中，可以通过键盘上 / 下键选择操作项，按空格键选择某一项，按“I”键进行所有项的反选操作，图 5－4 中每个选项的作用说明如下。

（1）Babel：JavaScript 语法编译器。

（2）TypeScript：TypeScript 是一个 JavaScript（后缀为 .js）的超集（后缀为 .ts），包含并扩展了 JavaScript 的语法，需要被编译输出为 JavaScript 在浏览器运行。

（3）Progressive Web App（PWA）Support：渐进式 Web 应用程序。

（4）Router：Vue router（Vue 路由）。

（5）Vuex：Vue 的状态管理模式。

（6）CSS Pre-processors：CSS 预处理器（如 Less、Sass）。

（7）Linter/Formatter：代码风格检查和格式化（如 ESlint）。

（8）Unit Testing：单元测试。

（9）E2E Testing：端对端（End to End）测试。

在此界面选择需要的选项后，后续还有一些详细配置的选项，读者可以根据需要选择，也可以全部使用默认项。我们使用默认项，按“Enter”键创建项目，选择 2.x 版本，创建成功后可以看到项目创建成功的提示，如图 5－5 所示。

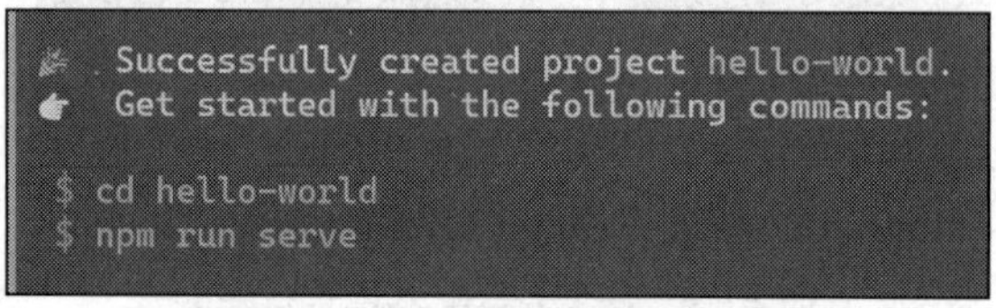

图 5－5　项目创建成功

根据界面提示，可以执行如下两项命令，进入项目目录，启动项目：

```
cd hello-world
npm run serve
```

项目启动后，可以看到如图 5－6 所示的界面，说明已经启动了一个 localhost:8080 本地服务。

```
App running at:
- Local:   http://localhost:8080/
- Network: http://192.168.31.195:8080/

Note that the development build is not optimized.
To create a production build, run npm run build.
```

图 5-6　项目启动界面

接下来，在浏览器中输入 http://localhost:8080 地址，看到的页面效果如图 5-7 所示。

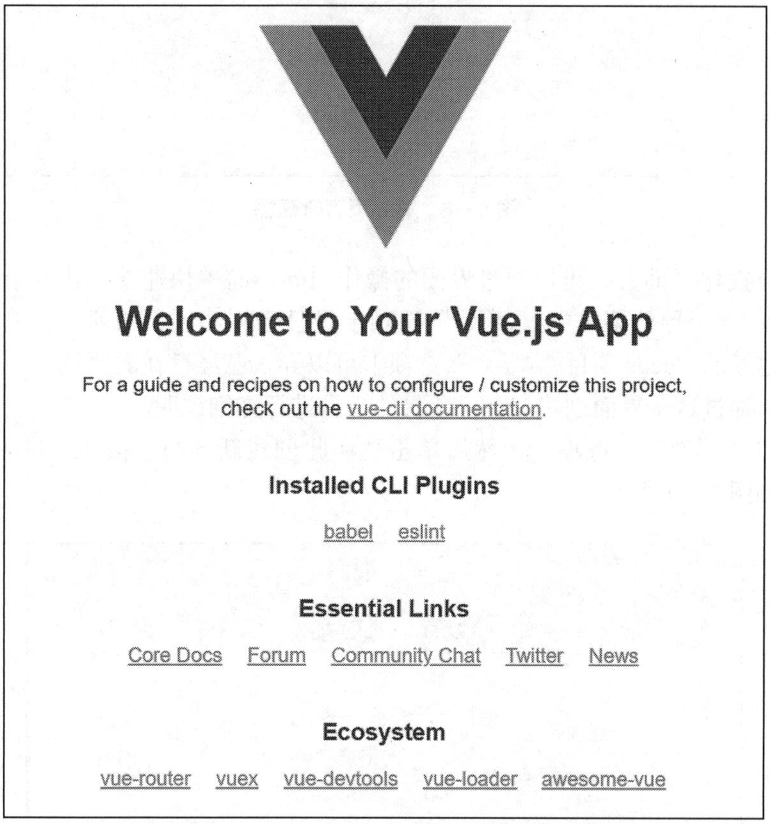

图 5-7　启动服务的页面效果

3. 图形用户界面 (GUI) 创建项目

除了使用前面讲述的 vue create 命令创建项目，Vue CLI 还提供了使用图形用户界面（GUI）创建项目的方式，使用这种方式创建项目更为直观、简单。

首先，建立一个 ui-demo 的项目目录，在命名行窗口中定位到该目录下，运行如下命令：

```
vue ui
```

接下来，在浏览器中输入 http://localhost:8080 地址，看到的页面效果如图 5-8 所示。

图 5－8　Vue 项目管理器

在这个可视化界面上，可以通过界面的操作引导，简单快速地创建一个 Vue.js 项目。在图 5－8 中的 3 个导航菜单中，“项目”选项卡是已经创建项目的列表实现，“创建”选项卡可以创建新的 Vue.js 项目，“导入”选项卡可以导入已经存在的项目。

接下来对通过这个界面创建 Vue.js 项目的步骤进行详细说明。

首先，打开“创建”选项卡，然后单击“在此创建新项目”按钮，进入“创建新项目”界面，如图 5－9 所示。

图 5－9　创建新项目 1

在图 5－9 所示的界面中，输入项目名 hello-world，选择项目目录，单击“下一步”按钮，进入如图 5－10 所示的页面，在这里可以选择创建模式，这几种创建模式的区别在前面已经详细说明，这里不再赘述。

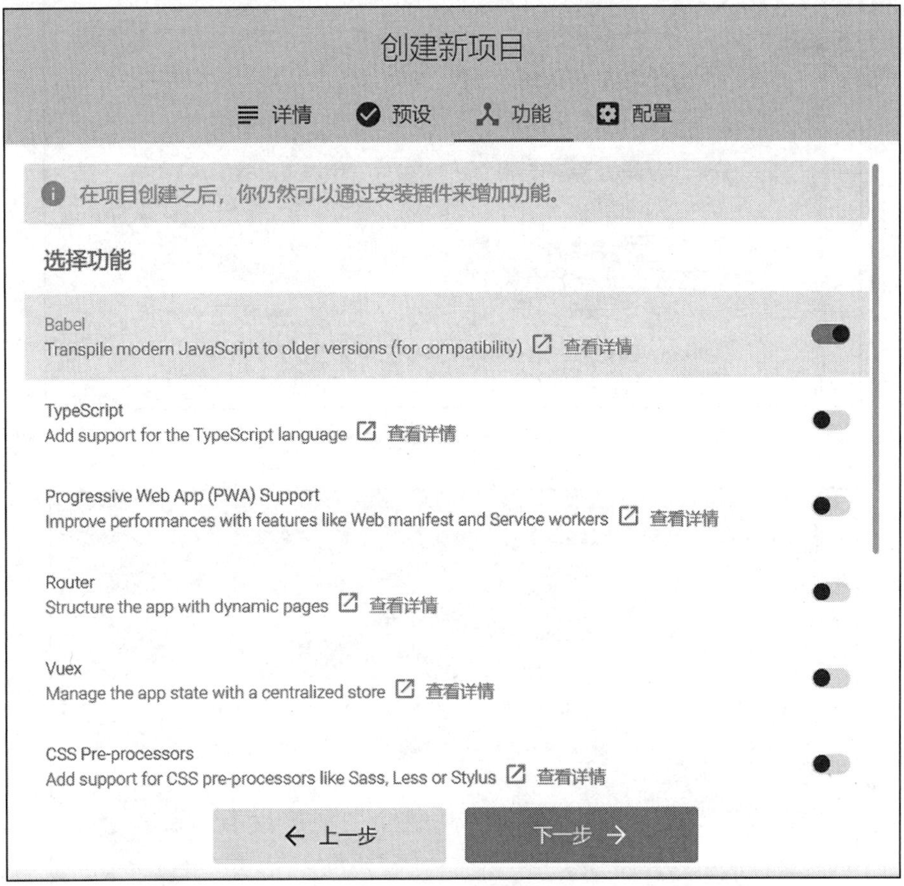

图 5－10　创建新项目 2

如果选择了“手动”选项卡，就要在图 5－10 所示的界面中对需要的库和插件进行选择。

接下来，单击界面中的“创建项目”按钮，等待项目创建完成，然后就会进入“项目仪表盘”界面，如图 5－11 所示。在该界面中，左侧的 4 个菜单项表示的含义如下。

- 插件：可以查看项目中已安装的插件，或者进行插件的升级。
- 依赖：可以查看项目中已安装的依赖。
- 配置：对已安装的插件配置进行管理。
- 任务：各种可运行的命令，如打包、本地调试等。

在“项目仪表盘”界面中，单击“任务”菜单项，可以查看任务列表，如图 5－12 所示。单击任务列表中的“serve”，然后单击“运行”按钮，项目就启动成功了。

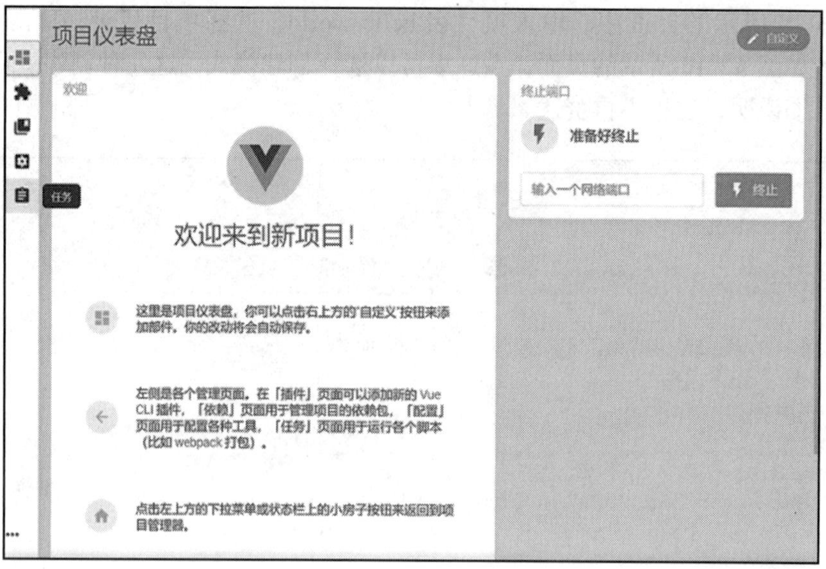

图 5－11　项目仪表盘

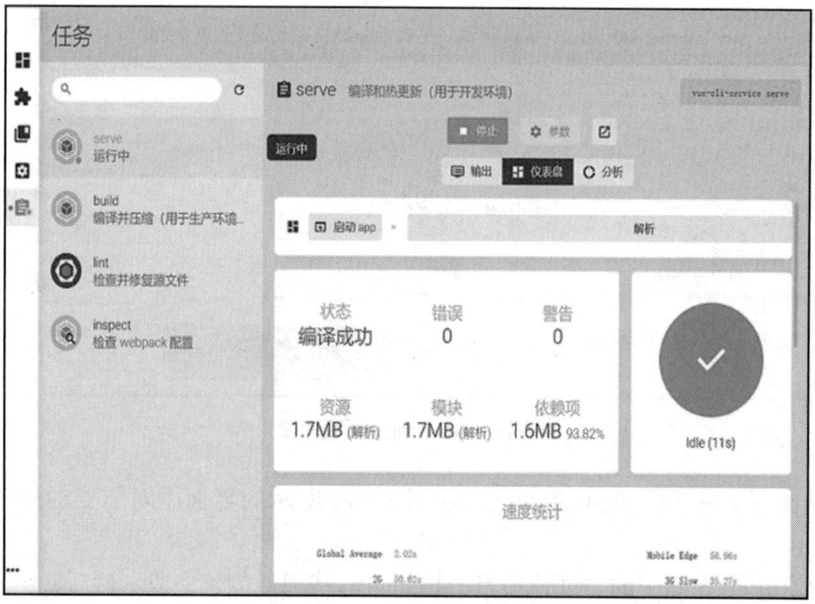

图 5－12　查看任务列表

此处可参看视频：

5－2　Vue 项目的文件结构

此时在浏览器输入地址 http://localhost:8080 所看到的页面和图 5－6 相同。

5.2.3　项目目录

项目创建成功后，可以看到项目的目录结构如图 5－13 所示。

图 5－13　项目的目录结构

项目的目录结构中，主要的目录和文件说明如下所示：

```
hello-world                        #项目目录
├──── node_modules                 #项目依赖的第三方包
├──── public                       #静态文件目录
├──── favicon.ico                  #浏览器小图标
└──── index.html                   #单页面的 HTML 文件（网页浏览的是它）
├──── src                          #业务文件夹
├──── assets                       #静态资源
├──── components                   #组件目录
├──── App.vue                      #整个应用的根组件
└──── main.js                      #入口 JS 文件
├──── .gitignore                   # Git 提交忽略配置
├──── babel.config.js              # Babel 配置
├──── package-lock.json            #项目包版本锁定和缓存地址
├──── package.json                 #依赖包列表
└──── README.md                    #项目说明
```

其中，下列几个文件比较重要：

```
node_modules                       #第三方依赖包
public/index.html                  #浏览器运行的网页
src/main.js                        # Webpack 打包的入口文件
src/App.vue                        # Vue 入口页面
package.json                       #依赖包列表
```

5.2.4 单文件组件

为了更好地适应复杂项目的开发，Vue.js 支持以 .vue 为扩展名的文件来定义一个完整组件。这个组件被称为单文件组件，是 Vue.js 自定义的一种文件格式。一个扩展名为 .vue 的文件就是一个单独的组件，文件中封装了组件相关的代码，如 HTML、CSS 和 JavaScript，最终通过 Webpack 编译成 JS 文件并在浏览器中运行。扩展名为 .vue 的文件由三部分组成：<template> <style> 和 <script>。在 src 目录中创建 hello.vue 文件，代码如下：

```
<template>
<h2>{{msg}}</h2>
</template>
<script>
export default{
data(){
return{
msg: 'Hello Vue.js单文件组件！ '
}
}
 </script>
<style scoped>
h2{color:green;}
</style>
```

要想使用以上文件，需要在 main.js 中使用 ES6 引入模块语法，代码如下：

```
import Vue from 'Vue';
import hello from'./hello.vue';
new Vue({
el:"#app",
template:'<hello/>',
components:{ hello
}
});
```

Vue 推荐采用 Vue 文件来开发项目，需要注意：（1）<template> 里只能有一个根标签；（2）Vue 文件是独立模块，作用域互不影响；（3）<style> 配合 scoped 属性，这样可以保证样式只针对当前 <template> 内标签生效。

脚手架项目创建后，Vue 文件配合 Webpack，把它们打包起来插入 index.html 中。

index.html 是入口地址，可调用 App.vue。在 App.vue 文件中可以调用其他组件，所以 App.vue 被称为根组件。App 根组件的一个常用功能是引入其他组件，即其他页面或功能组件可以嵌套在 App 根组件中。下面以组件和根组件之间的嵌套为例进行讲解，其他组件之间的嵌套方法与这种情况类似。

首先，在 src/components 文件夹中新建一个组件，并将其命名为 Vue.js.vue，代码如下：

```
<template>
  <div class="feng">
    <h1>Hello world! I am {{ user_name }}</h1>
  </div>
</template>

<script>
export default {
  name: 'Vue.js',
  data() {
    return {
      user_name: 'Vue.js'
    }
  }
}
</script>
```

另外，组件创建之后，要在根组件中使用 import 命令引入该组件，在 components 属性中局部注册组件，并在 <template></template> 中调用组件。例如，在根组件中嵌套 Vue.js.vue 组件的代码如下：

```
<template>
  <div class="feng">
    <h1>Hello world! I am {{ user_name }}</h1>
  </div>
</template>

<script>
export default {
  name: 'Vue.js',
  data() {
    return {
      user_name: 'Vue.js'
    }
  }
}
</script>
```

这样就完成了根组件和自定义组件之间的嵌套，如果想完成两个自定义组件之间的嵌套，则采用与上述相同的做法即可。

5.3 插　　件

Vue 中插件的功能非常强大，给项目开发者提供了方便，提高了开发效率。本节介绍 Vue CLI 中的 CLI 插件和第三方插件的安装与使用。

5.3.1 CLI 插件

此处可参看视频：

5-3 CLI 插件

Vue CLI 使用了一套基于插件的架构，查看前面一节中创建的 hello-world 项目中的 package.json，就会发现依赖都是以 @vue/cli-plugin- 开头的。插件可以修改 Webpack 的内部配置，也可以向 vue-cli-service 注入命令。在项目创建的过程中，绝大部分列出的特性都是通过插件来实现的，基于插件的架构使得 Vue CLI 灵活且可扩展。hello-world 项目中的 package.json 依赖声明代码如下：

```
{
  "devDependencies": {
    "@babel/core": "^7.12.16",
    "@babel/eslint-parser": "^7.12.16",
    "@vue/cli-plugin-babel": "~5.0.0",
    "@vue/cli-plugin-eslint": "~5.0.0",
    "@vue/cli-service": "~5.0.0",
    "@vue/eslint-config-standard": "^6.1.0",
    "eslint": "^7.32.0",
    "eslint-plugin-import": "^2.25.3",
    "eslint-plugin-node": "^11.1.0",
    "eslint-plugin-promise": "^5.1.0",
    "eslint-plugin-vue": "^8.0.3",
    "vue-template-compiler": "^2.6.14"
  }
}
```

在以上依赖声明中，以“@vue/cli-plugin-”开头的表示内置插件。当使用 vue create 命令创建一个新项目时，这些插件会根据选择的特性被预先安装好。另外，使用 vue ui 命令也可以在 GUI 中进行插件的安装和管理。

CLI 插件是向 Vue 项目提供可选功能的 NPM 包，如 Babel/TypeScript 转译、ESlint 集成、单元测试和 E2E 测试等。

CLI 插件可以预先设定好，使用脚手架进行项目创建时进行预设配置选择，每个 CLI 插件都会包含一个用来创建文件的生成器和一个用来调整 Webpack 核心配置和注入命令的运行时插件。假如项目创建时没有预先安装 @vue/eslint 插件，可以通过 vue add 命令去安装。vue add 命令用来安装和调用 Vue CLI 插件，但是普通 NPM 包还是要用 NPM 来安装。

需要注意的是，对于 CLI 类型的插件，需要以 @vue 为前缀。例如，@vue/eslint 解析成完整的包名是 @vue/cli-plugin-eslint，然后用 NPM 安装它，调用它的生成器。该命令等价于 vue add @vue/cli-plugin-eslint。

5.3.2 安装插件

如果想在一个已经创建好的项目中安装一个插件，可以使用 vue add 命令，如为项目安装 vue-router 插件的命令如下：

```
vue add router
```

在 hello-world 项目目录下执行以上命令后，界面如图 5－14 所示。

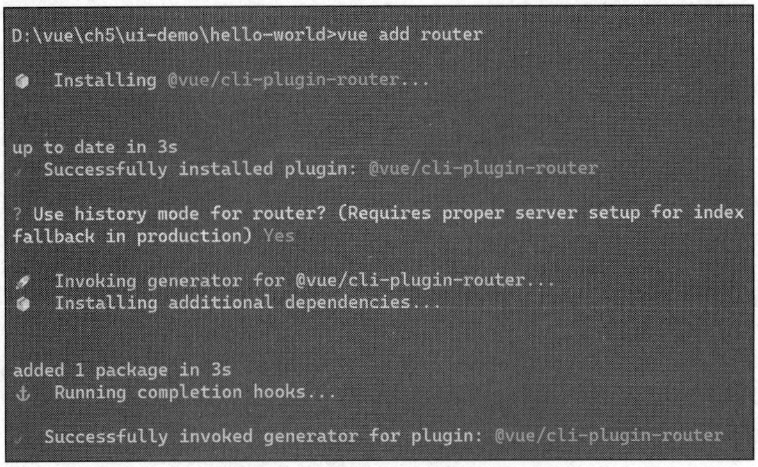

图 5－14 添加 router 插件的界面

命令成功执行后，可以在 package.json 中的依赖声明中找到 router 插件的声明，代码如下所示：

```
{
  "dependencies": {
    "core-js": "^3.8.3",
    "vue": "^2.6.14",
    "vue-router": "^3.5.1"
  }
}
```

vue add 命令也可以安装第三方插件，例如，如果要安装第三方插件 vuetify（一个 UI 库，不属于 Vue CLI 类型的插件），可以使用以下命令：

```
vue add vuetify
```

vuetify 插件安装完成后，会发现在项目的 src 目录中，多了一个 plugins 的文件夹，里面的 vuetify.js 文件是关于插件的配置文件，其内容如下所示：

```
import Vue from 'vue'
import Vuetify from 'vuetify/lib/framework'
import 'vuetify/dist/vuetify.min.css'  //添加 vuetify 的样式文件引用

Vue.use(Vuetify)

export default new Vuetify({
  theme: {
    defaultTheme: 'light'                //添加默认主题配置
  }
})
```

5.4 配置文件

5.4.1 CLI 服务

此处可参看视频：

5-4 Vue 项目的基本配置

在 Vue 项目中，需要使用 npm run serve 命令来启动项目，其中 serve 的内容指的就是 vue-cli-service（CLI 服务）命令，项目的启动需要借助于 vue-cli-service 来完成。

新建项目后，可以在 package.json 的 Script 字段里面找到如下代码：

```
"scripts": {
  "serve": "vue-cli-service serve",
  "build": "vue-cli-service build",
  "lint": "vue-cli-service lint"
}
```

在上述代码中，scripts 中包含了 serve、build 和 lnit，当执行 npm run serve 命令时，实际执行的是第 2 行的 vue-cli-service serve 命令。

在项目目录中使用 npx 命令可以运行 vue-cli-service，如下所示：

```
npx yue-cli-service
```

运行 vue-cli-service 后，程序会在控制台中输出可用选项的帮助说明，如下所示：

```
Usage: vue-cli-service <command>[options]
Commands:
serve start development server 启动服务
```

```
build build for production 生成用于生产环境的包
inspect inspect internal webpack config 审查 Webpack 配置
lint lint and fix source files lint 并修复源文件
```

执行 vue-cli-service serve 命令后，会启动一个开发服务器（基于 webpack-dev-server），并附带开箱即用的模块热重载（Hot-Moduk-Rephcement）。

执行 vue-cli-service build 命令后，会在 dist 目录中生成一个可用于生产环境的包，带有压缩后的 JavaScript、CSS、HTML 文件。

vue-cli-service serve 命令的用法及包含的选项如下所示：

```
npx vue-cli-service help serve
用法: vue-cli-service serve [options]
选项:
--open     在服务器启动时打开浏览器
--copy     在服务器启动时将 URL 复制到剪贴板
--mode     指定环境模式（默认值: development）
--host     指定 host （默认值: 0.0.0.0）
--port     指定 port （默认值: 8080）
--https    使用 https （默认值: false）
```

vue-cli-service build 命令的用法及包含的选项如下所示：

```
用法: vue-cli-service build [options] [entry|pattern]
选项:
--mode          指定环境模式（默认值: production）
--dest          指定输出目录（默认值: dist）
--modern        面向现代浏览器带自动回退地构建应用
--target        app | lib | wc | wc-async （默认值: app）
--name          库或 Web Components 模式下的名字（默认值: package.json 中的 "name"
                字段或入口文件名）
--no-clean      在构建项目之前不清除目标目录的内容
--report        生成 report.html 以帮助分析包内容
--report-json   生成 report.json 以帮助分析包内容
--watch         监听文件变化
```

在上述选项中，--modern 使用现代模式构建应用，为现代浏览器交付原生支持的 ES2015 代码，并生成一个兼容旧浏览器的包用来自动回退。--target 允许将项目中的任何组件以一个库或 Web Components 模式下的方式进行构建。--report 和 --report-json 会根据构建统计生成报告，便于分析包中包含的模块大小。

5.4.2 配置文件介绍

在 Vue CLI 3 中，可以使用全局配置文件，如果项目的根目录存在 vue.config.js 文件，@vue/cli-service 模块就会自动加载该文件。下面是对 vue.config.js 文件中重要配置参数的说明，其他详细配置可以参考 Vue CLI 官方文档。

```
module.exports = {
    publicPath: '/',                  //根目录
    outputDir: 'dist',                //默认 dist 构建输出目录
    lintOnSave: true,                 //是否开启 ESlint 保存检测，有效值：true,false,
                                      //'error'
    runtimeCompiler: false,           //运行时版本是否需要编译
    chainWebpack: () => {},           // Webpack 配置
    configureWebpack: () => {},       // Webpack 配置
    vueLoader: {},                    // Vue-loader 配置项
    productionSourceMap: true,        //生产环境是否生成 SourceMap 文件
    css: {                            //配置高于 chainWebpack 中关于 CSS loader 的相
                                      //关配置
        extract: true,                //是否使用 CSS 分离插件 ExtractTextPlugin
        sourceMap: false,             //开启 CSS source maps，默认为 false
        loaderOptions: {},            // CSS 预设器配置项
        modules: false                //为所有 CSS 预处理文件启用 CSS 模块
    },
    parallel: require('os').cpus().length > 1, //构建时开启多进程处理 Babel 编译
    dll: false,              //是否启用 dll
    pwa: {},                 // PWA 插件相关配置
    devServer: {             // webpack-dev-server 相关配置
        //具体配置内容
    },
    pluginOptions: {         //第三方插件配置
        //具体配置内容
    }
};
```

以上配置参数中，devServer 中的属性是 webpack-dev-server 的相关参数设置，webpack-dev-server 可以看作一个服务器，它的主要工作就是接收浏览器的请求，然后将资源返回。

webpack-dev-server 中的 before 属性可以设置在服务器内部的其他中间件执行前自动执行的中间件，用于自定义处理程序。

（1）在 hello-world 项目根目录中创建 data 目录，在 data 目录中创建 sites.json 文件，文件初始数据如下：

```
{
  "sites": [
    {
      "name": "淘宝",
      "url": "www.taobao.com"
```

```
    },
    {
      "name": "google",
      "url": "www.google.com"
    },
    {
      "name": " 微博 ",
      "url": "www.weibo.com"
    }
  ]
}
```

（2）修改 vue.config.js 文件，具体代码如下：

```
const sites = require('./data/sites.json');
module.exports = {
  devServer: {
    port: 3000,
    open: true,
    before(app) {
      app.get('/test/sites', (req, res) => {
        res.json(sites);
      });
    }
  }
};
```

（3）执行 npm run server 命令，启动项目。

（4）访问地址 http://localhost:3000/test/sites，运行效果如图 5－15 所示。

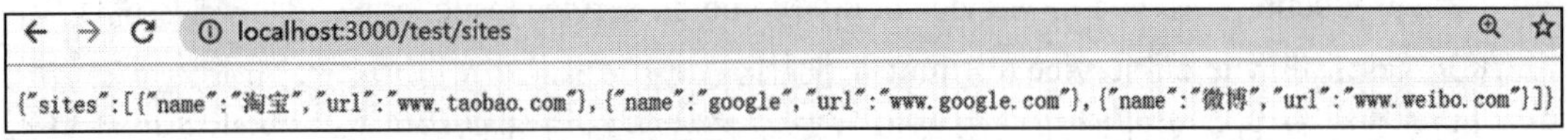

图 5－15 运行效果图

5.5 环境变量和模式

5.5.1 环境变量

在一个项目的开发过程中，一般都会经历本地开发、代码测试、开发自测、环境测试、预上线环境，最后才能发布线上正式版本。在这个过程中，每个环境可能都会有所差异，如服务器地址、接口地址等，在各个环境之间切换时，需要不同的配置参数。所以为了方便管理，在 Vue CLI 中可以为不同的环境配置不同的环境变量。可以在项目根目录中放置下列文件来指定环境变量：

（1）.env 文件：在所有的环境中被载入。

（2）.env.local 文件：在所有的环境中被载入，但会被 Git 忽略。

（3）.env.[mode] 文件：只在指定的模式中被载入。

（4）.env.[mode].local 文件：只在指定的模式中被载入，但会被 Git 忽略。

在 .env 文件中，只包含环境变量的“键 = 值”对，例如：

```
FOO=bar
VUEAPPNOTSECRETCODE=somevalue
```

这些环境变量都是在项目根目录下建立的，当执行相关命令时，会根据不同的环境载入不同的文件，以至于能正确读取文件中的变量。不同的环境文件有不同的优先级，载入的优先级如下所示：

```
.env.[mode].local>.env.[mode]>.env
```

设置完环境变量之后就可以在项目中使用这些变量了。不过需要注意的是，在项目的不同地方使用，限制也不一样。

- 在项目中，也就是 src 中使用环境变量的话，必须以 VUE_APP_ 开头。
- 在 Webpack 配置中使用，可以直接通过 process.env. × × × 来使用。

5.5.2 模式

模式是 Vue CLI 项目中一个重要的概念。默认情况下，一个 Vue CLI 项目有三种模式。

（1）development：在 vue-cli-service serve 下，即开发环境使用。

（2）production：在 vue-cli-service build 和 vue-cli-service test:e2e 下，即正式环境使用。

（3）test：在 vue-cli-service test:unit 下使用。

可以通过为 .env 文件增加后缀来设置某个模式下特有的环境变量，这些文件就只会在某种模式下被载入，如 .env.development 文件就只会在 development 模式下被载入。

当然，也可以通过参数来修改默认模式。通过 mode 后面加上指定模式名来修改。例如，想在 build 构建的时候，使用开发环境的变量，就要进行如下设置：

```
"build": "vue-cli-service build --mode development"
```

除了使用以上三种模式，也可以建立自定义模式，在这里演示建立自定义 testmode 的步骤。

首先，需在项目根目录中新建 .env.testmode 文件，对应的声明变量如下所示：

```
NODE_ENV='product'
VUEAPPCURRENTMODE='testmode'
```

```
outputDirect= 'testmode'
```

接下来，要在 package.json 加入 prepare 模式。

```
"scripts":{
"serve":"vue-cli-service serve",
"testmode":"vue-cli-service build --mode testmode",
"build":"vue-cli-service build",
"lint":"vue-cli-service lint"
},
```

最后，在 vue.config.js 中使用环境变量，指定输出文件为环境变量配置的文件。

```
outputDir:process.env.outputDir
```

以上操作完成后，在命令行窗口中执行 npm run testmode 命令，能看到项目根目录中生成了 testmode 文件夹，如图 5－16 所示。

图 5－16　在项目根目录中生成了 testmode 文件夹

5.6 静态资源管理

Vue CLI 提供了以下两种处理静态资源的方式。

第一种：在 JavaScript 被导入或在 template/CSS 中通过相对路径被引用，这类引用会被 Webpack 处理。

第二种：放置在 public 目录中或通过绝对路径被引用，这类资源将会直接被复制，而不会经过 Webpack 的处理。

5.6.1 使用相对路径导入静态资源

当在 JavaScript、CSS 或 Vue 文件中使用相对路径引用一个静态资源时，该资源将会被包含进入 Webpack 的依赖图中。在其编译过程中，所有诸如 <imgsrc="...">、background:url（...）和 CSS @import 的资源 URL 都会被解析为一个模块依赖。

例如，CSS 源代码如下：

```
background:url(./images/example.jpg)
```

以上代码会被翻译为如下代码：

```
require('./images/example.jpg')
```

源代码为：

```
<imgsrc="./images/example.jpg">
```

源代码会被翻译为如下代码：

```
createElement('img',{attrs:{src:require('./images/example.jpg')}})
```

使用从相对路径导入静态资源时，会遵循以下 URL 转换规则：

（1）如果 URL 是一个绝对路径（如 /images/example.jpg），它将会被保留不变。

（2）如果 URL 以 . 开头，它会作为一个相对模块请求被解释且基于文件系统中的目录结构进行解析。

（3）如果 URL 以 ~ 开头，其后的任何内容都会作为一个模块请求被解析，Node 模块中的资源同样可以被解析。

（4）如果 URL 以 @ 开头，它也会作为一个模块请求被解析。它的用处在于 Vue CLI 默认会设置一个指向 <projectRoot>/src 的别名 @，这种方式只适用于模板中。

使用相对路径导入静态资源的优势主要有以下几点：

（1）脚本和样式表会被压缩且打包在一起，从而避免额外的网络请求。

（2）文件丢失会直接在编译时报错，而不是到了用户端才产生 404 错误。

（3）最终生成的文件名包含了内容哈希，因此不必担心浏览器会缓存它们的旧版本。

5.6.2 使用 public 文件夹引入静态资源

任何放置在 public 文件夹的静态资源都会被简单地复制，而不经过 Webpack 的处理，在需要引入这些静态资源时，要使用绝对路径。

使用 public 文件夹引入静态资源时，如果应用没有部署在域名的根部，那么就需要为 URL 配置 publicPath 前缀，设置前缀有以下两种情况。

（1）在 public/index.html 或其他通过 html-Webpack-plugin 用作模板的 HTML 文件中，需要通过 <%=BASE_URL%> 设置链接前缀，代码如下所示：

```
<linkrel="icon"href="<%=BASE_URL%>favicon.ico">
```

（2）在组件模板中，原来的路径资源还可以正常使用。如果需要更改路径，可以向组件中传入 URL，示例代码如下所示：

```
data(){
return{
publicPath:process.env.BASE_URL
}
}
```

然后使用 publicPath：

```
<img:src="'${publicPath}example.jpg'">
```

相比使用相对路径引入静态资源，使用 public 文件夹的引入方式没有经过 Webpack 处理，所以一般推荐前一种方式，当有以下几种情况时，可以使用后一种方式引入静态资源。

（1）需要在构建输出中指定一个文件的名字。

（2）有上千个图片，需要动态引用它们的路径。

（3）有些库可能和 Webpack 不兼容，这时除了将其用一个独立的 <script> 标签引入外，没有别的选择。

项目小结

本项目主要介绍 Vue CLI 3.x 脚手架的安装步骤，使用 Vue CLI 3.x 脚手架如何创建项目及进行相关配置的方法。Vue CLI 是基于 Vue.js 可以进行快速开发的完整系统，为快速原型设计、简化应用程序搭建和进行高效项目管理提供了有效工具。

习　题

一、填空题

1. 对于 CLI 类型的插件，需要以________为前缀。
2. 使用 NPM 包通过________命令全局安装 @vue/cli 3.x。
3. 使用________来查看 Vue 的版本号。
4. 使用 yarn 包通过________命令全局安装 @vue/cli 3.x。
5. 在 Vue CLI 3 中使用________命令来创建一个 Vue 项目。

二、判断题

1. 卸载 vue-cli 的命令是 npm uninstall vue-cli -g。（　　）
2. 添加 CLI 插件的命令是 vue add vue-eslint。（　　）
3. 插件不能修改 Webpack 的内部配置，但是可以向 vue-cli-service 注入命令。（　　）
4. Vue CLI 通过 vue ui 命令来创建图形用户界面。（　　）

5. 在文件中用“key=value”(键值对）的方式来设置环境变量。（ ）

三、选择题

1. 下列选项中说法正确的是（ ）。
   A. 新版的 Vue CLI 的包名称为 vue-cli
   B. 执行 npm uninstall vue-cli -g 命令可以全局删除 vue-cli 包
   C. 使用 yarn install add @vue/cli 命令可以全局安装 @vue/cli 工具
   D. 通过 vue add ui 命令来创建图形用户界面
2. 关于 CLI 服务，下列选项中说法错误的是（ ）。
   A. 在 @vue/cli-service 中安装了一个名为 vue-cli-service 的命令
   B. vue.config.js 是一个可选的配置文件
   C. 通过 npx vue-cli-service helps 查看所有的可用命令
   D. 通过 vue ui 使用 GUI 图形用户界面来运行更多的特性脚本
3. 下列选项中说法正确的是（ ）。
   A. 使用相对路径引入的静态资源文件，会被 Webpack 处理解析为模块依赖
   B. 放在 public 文件夹下的资源将会经过 Webpack 的处理
   C. 通过绝对路径被引用的资源将会经过 Webpack 的处理
   D. URL 以 ~ 开始，会被认为是模块请求

四、简答题

1. 简述如何安装 Vue CLI 3.x 版本的脚手架。
2. 简述如何在现有项目中安装 CLI 插件和第三方插件。
3. 简单介绍 CLI 服务 vue-cli-service <command> 中的 command 命令包括哪些。
4. 简单描述 Vue CLI 3.x 安装的过程。
5. 简单描述使用 Vue CLI 3.x 创建项目的步骤。

项目6 路由插件

上一个项目介绍了 Vue CLI 快速项目化插件的使用，本项目将学习 Vue.js 中的路由插件。在前后端分离的项目开发中，为了均衡前后端的工作量，在前端也有了路由操作，这样一来，前端做好了路由分发之后，后端就只需要专注于写 API 接口来进行数据交互及逻辑处理。Vue.js 中的路由允许使用不同的 URL 来访问不同的内容，vue-router 是 Vue.js 官方的路由管理器，它是根据路由状态来切换组件的一个插件。

知识目标 1

- 了解 vue-router 的实现原理
- 掌握路由的安装与使用方法
- 熟悉路由对象的常用属性
- 掌握动态路由的匹配及路由嵌套的方法
- 掌握命名路由和命名视图的方法
- 掌握编程式导航的实例方法

能力目标 2

- 具备安装和配置 vue-router 的能力，能够熟练地根据项目需求创建路由实例并注册到 Vue 应用中
- 掌握动态路由匹配及路由嵌套的方法，具备实现复杂页面导航结构的能力，包括使用通配符和正则表达式来匹配路由参数
- 理解命名路由和命名视图的概念，具备通过名称引用路由和视图的能力，以提高代码的可读性和维护性

素养目标 3

- 培养良好的问题解决能力，能够针对路由配置和导航过程中遇到的问题进行调试和解决
- 提高代码组织和管理能力，确保路由文件的结构清晰、合理且易于维护
- 增强自学能力，能够跟进 vue-router 的更新和新特性，持续优化项目路由管理

6.1 前端路由与 vue-router

在实际应用中，经常会碰到复杂多变的导航，若由服务器解析并渲染页面，不仅复杂而且耗时，那么 Vue.js 能否在前端解决这些问题呢？ vue-router 是一个与 Vue.js 核心深度集成的前端路由插件。前端技术发展到现在，整个界面已经在 Vue.js 框架下实现了组件化，并且服务器端不再承担将数据渲染到 HTML 页面的任务，数据到界面的渲染由 Vue.js 前端框架来完成，vue-router 就是一个路由管理器，和 Vue.js 高度耦合，能够帮助开发人员快速构建单页面应用。

在现代 Web 开发中，路由是非常重要的一环。路由到底是什么呢？有一种说法是，路由就是指随着浏览器地址栏的变化，展示给用户不同的页面，这是从用途上来解释路由。还有一种说法是，路由就是 URL 到函数的映射，这是从实现原理层面来解释路由。

以前的项目开发中，路由都是由后台完成的，通过用户请求的 URL 导航到具体的 HTML 页面。前端路由就是通过配置 JavaScript 文件，把这个工作移至前端来实现。

通俗地说，路由就是根据不同的 URL 地址展示不同的内容或页面。

路由本身也经历了两个不同的发展阶段：后端路由和前端路由。

后端路由又可称为服务器端路由，因为对于服务器来说，当接收到客户端发来的 HTTP 请求时，就会根据所请求的响应 URL 来找到相应的映射函数，然后执行该函数，并将函数的返回值发送给客户端。后端路由通过用户请求的 URL 分发到具体的处理程序，浏览器每次跳转到不同的 URL，都会重新访问服务器。服务器收到请求后，将数据和模板组合，返回 HTML 页面，或者直接返回 HTML 模板，由前端 JavaScript 程序再去请求数据，使用前端模板和数据进行组合，生成最终的 HTML 页面。

对于最简单的静态资源服务器，可以认为，所有 URL 的映射函数就是一个文件读取操作。对于动态资源，映射函数可能是一个数据库读取操作，也可能是进行一些数据的处理等。然后根据这些读取的数据，在服务器端使用相应的模板来对页面进行渲染，再返回渲染完毕的页面。后端路由在早期的 Web 开发中非常普遍，它的优点与缺点都很明显。优点是：安全性好，SEO（搜索引擎优化）好。缺点是：加大服务器的压力，不利于用户体验，代码冗余。

也正是由于后端路由还存在着以上不足，前端路由才有了属于自身的发展空间，在当前的 Web 开发中发挥了重大作用。

6.1.1 什么是前端路由

对于前端路由来说，路由的映射函数通常是进行一些 DOM 的显示和隐藏操作。这样，当访问不同路径的时候，会显示不同的页面组件。前端路由主要有两种实现方案：Hash 路由和 History API 路由。Hash 路由以"#加路径名"的方式，将路由添加到 URL 地址末尾。History API 路由就是通过浏览器提供的 History API 实现路由的跳转，可以实现直接将路由路径追加到浏览器名末尾。下面了解一下这两种路由的使用方式。

1. Hash 路由

早期的前端路由的实现就是基于 location.hash。其实现原理也很简单，location.hash 的值就是 URL 中 # 后面的内容。例如，下面这个网站：

```
location.hash='#A':
http://127.0.0.1#A
```

上述网站 location.hash 的值就是 A。

此外，Hash 路由也存在下面几个特性。

（1）URL 中的 Hash 值只是客户端的一种状态，也就是说当向服务器端发出请求时，Hash 部分不会被发送。

（2）Hash 值的改变，都会在浏览器的访问历史中增加一个记录。因此，能通过浏览器的回退、前进按钮控制 Hash 的切换。此时，可以使用 hashchange 事件来监听 Hash 的变化。

触发 Hash 变化的方式也有两种，一种是通过 <a> 标签，并设置 href 属性，当用户单击这个标签时，URL 就会发生改变，也就会触发 hashchange 事件：

```
<a href="#srtian">srtian</a>
```

还有一种方式就是直接使用 JavaScript 对 loaction.hash 进行赋值，从而改变 URL，从而触发 hashchange 事件：

```
location.hash="#srtian"
```

2. History API 路由

前面的 Hash 虽然很不错，但使用时都需要加上 # 并不是很美观。因此到了 HTML5，又提供了 History API 来实现 URL 的变化。其中最主要的 API 有以下两个：history.pushState() 和 history.repalceState()。这两个 API 都可以在不进行页面刷新的情况下，操作浏览器的历史记录。唯一不同的是，前者是新增一个历史记录，后者是直接替换当前的历史记录。此外，这两个 API 都接收三个参数：状态对象、标题及地址。代码如下所示：

```
window.history.pushState(null, null, "http://127.0.0.1");
```

（1）状态对象（state object）：一个 JavaScript 对象，与用 pushState 方法创建的新历史记录条目关联。无论何时用户导航到新创建的状态，都会触发 popstate 事件，并能在事件中使用该对象，可以为 null。

（2）标题（title）：路由的名称，一般浏览器会忽略，最好传入 null。

（3）地址（URL）：要跳转的路径，就是需要新增的历史记录的地址，浏览器不会去直接加载该地址，但后面也可能会去尝试加载该地址。此外需要注意的是，传入的 URL

与当前 URL 应该是同源的。

此外，还提供了 popstate 事件来监听历史记录的变化，可以看看下面这个示例。

```
<body>
    <p id="example">
        <a href="/name" title="name">name</a>
        <a href="/age" title="age">age</a>?
    </p>
    <div class="main" id="main"></div>

    <script>
        (function() {
            var examplebox = document.getElementById('example');
            var mainbox = document.getElementById('main');
            examplebox.addEventListener('click', function(e) {
                e.preventDefault();
                var elm = e.target;
                var uri = elm.href;
                var tlt = elm.title;
                history.pushState({ path: uri, title: tlt }, null, uri);
                mainbox.innerHTML = 'currentpageis' + tlt;
            });
            window.addEventListener('popstate', function(e) {
                var state = e.state;
                mainbox.innerHTML = 'currentpageis' + state.title;
            });
        })();
    </script>
</body>
```

前端路由的两种实现方案（Hash 和 History API）的区别如下：

基于 Hash 的路由实现，加 # 的路径比较难看，使用 onhashchange 来监听路由变化，兼容性较好。而基于 History API 的路由，则更正式、更美观，可以设置与当前 URL 同源的任意 URL，路径更直观，使用 onpopstate 来监听路由变化，是 HTML5 的 API，兼容性差一些。此外，基于 Hash 的路由不需要对服务器做改动，基于 History API 的路由需要对服务器做一些改造，需要对不同的路由进行相应的设置。

相比后端路由，前端路由有如下优点：

（1）从性能和用户体验的层面来看，后端路由每访问一个新页面的时候都要向服务器发送请求，然后服务器再响应请求，这个过程肯定会有延迟。而前端路由在访问一个新页面的时候仅仅是变换了一下路径而已，没有网络延迟，对于用户体验来说会有相当大的提升。

（2）在某些场合中，用 Ajax 请求，可以让页面无刷新，页面变了但 URL 没有变化，用户就不能复制到想要的地址，用前端路由做单页面网页就可以很好地解决这个问题。

（3）前后端分离。得益于前端路由和现代前端框架完整的前后端渲染能力，与页面渲染、组织、组件相关的东西，后端终于可以不用再参与了。前后端分离的开发模式也逐渐开始普及。前端更加注重页面开发的工程化、自动化，而后端则更专注于 API 的提供和数据库的保障。代码层面上耦合度也进一步降低，分工也更加明确，摆脱了当初刀耕火种的 Web 开发年代。

当然，前端路由也存在缺陷，使用浏览器的前进和后退键时会重新发送请求来获取数据，没有合理地利用缓存。但总体来说，现在前端路由已经是实现路由的主要方式了，开发人员常用的诸如 vue-router 等路由控制都是基于前端路由进行开发的。

6.1.2 vue-router 的基本用法

此处可参看视频：

6－1 vue-router 的基本用法

路由，其实就是指向的意思，当单击页面上的 Home 按钮时，页面中就要显示 Home 的内容；当单击页面上的 About 按钮时，页面中就要显示 About 的内容，这可以说是一种映射。所以在页面上有两个部分：一个是单击部分；一个是单击之后显示内容的部分。

单击之后，要做到正确的对应，例如，单击 Home 按钮，页面中就要正好能显示 Home 的内容。这就要在 JavaScript 文件中配置路由。

路由中有三个基本概念：route，routes，router。

- route 是一条路由，由这个英文单词也可以看出来，它是单数。例如，Home 按钮 =>Home 内容，这是一条 route；About 按钮 =>About 内容，这是另一条路由。
- routes 是一组路由，把上面的每一条路由组合起来，形成一个数组。例如，[{Home 按钮 =>Home 内容 }，{About 按钮 =>About 内容 }]。
- router 是一个机制，相当于一个管理者，它来管理路由。因为 routes 只是定义了一组路由，它放在那里是静止的，当真正来了请求时，就是当用户单击 Home 按钮的时候，怎么办呢？这时 router 就起作用了，它到 routes 中去查找，找到对应的 Home 内容，页面中就显示了对应的 Home 内容。

客户端中的路由，实际上就是 DOM 元素的显示和隐藏。当页面中显示 Home 内容的时候，About 中的内容全部隐藏，反之也是一样。客户端路由有两种实现方式：基于 Hash 和基于 HTML5 History API。

vue-router 是 Vue.js 官方的路由管理器。它和 Vue.js 的核心深度集成，让构建单页面应用变得更加容易，包含的功能有：

（1）嵌套的路由 / 视图表。

（2）模块化的、基于组件的路由配置。

（3）路由参数、查询、通配符。

（4）基于 Vue.js 过渡系统的视图过渡效果。

（5）细粒度的导航控制。

（6）带有自动激活的 CSS class 的链接。

（7）HTML5 历史模式或 Hash 模式，在 IE9 中自动降级。

（8）自定义的滚动条行为。

vue-router 为前端提供 JSON 格式的数据。前端完全组件化后，将形成一个组件树，如图 6－1 所示。

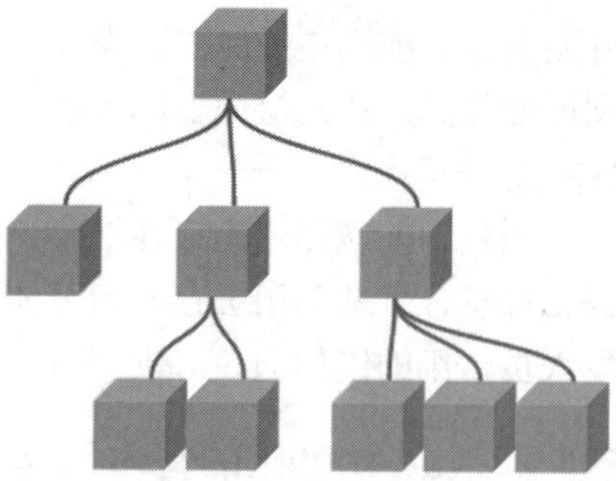

图 6－1　组件树

前端发展到现在，整个界面已经在 Vue.js 框架中实现了组件化，并且服务端不再承担将数据渲染为 HTML 的任务，数据到界面的渲染由 Vue.js 前端框架来完成，服务端只提供 rest 接口，路由功能由传统的页面切换转变为组件的切换。例如，单击“列表页面”组件上的新建按钮，会将当前的“列表页面”组件切换为“新建页面”组件，整个应用将不存在页面的切换，也就是所谓的单页应用。vue-router 就是一个路由管理器，是根据路由状态来切换组件的一个框架。

在 Vue.js 中实现路由还是相对简单的。因为 Web 前端页面中所有内容都是组件化的，只要把路径和组件对应起来就可以了，然后在页面中把组件渲染出来。一般按以下步骤实现路由。

第一步，页面实现（HTML 模板）。

在 vue-router 中，它定义了两个标签 <router-link> 和 <router-view> 来对应单击和显示部分。<router-link> 就是定义页面中单击的部分，<router-view> 定义显示的部分，就是单击后，匹配的内容显示在什么地方。所以 <router-link> 还有一个非常重要的属性 to，定义单击之后要跳转到哪里去，如 <router-link to="/home">Home</router-link>。

第二步，在 JavaScript 中配置路由。

首先要定义 route，它是一条路由的实现，是一个对象，由两个部分组成：path 和 component。path 指路径，component 指的是组件。例如，{path:'/home', component:home}。

```
const routes = [
  { path: '/home', component: Home },
  { path: '/about', component: About }
];
```

这里有两条路由，组成一个 routes。

第三步，创建 router 对路由进行管理，它由构造函数 new vueRouter 创建，接收 routes 参数。

```
const router = new VueRouter({
  routes //简写为 routes:routes
});
```

配置完成后，把 router 实例注入 Vue 根实例中，就可以使用路由了。

```
const app = new Vue({
```

```
  router
}).$mount('#app');
```

路由执行时，用户单击 <router-link> 标签，会去寻找它的 to 属性，它的 to 属性和 JavaScript 中配置的路径 {path:'/home', component:Home} 中的 path 一一对应，从而找到匹配的组件，最后把组件渲染到 <router-view> 标签所在的地方，所有的这些都是基于 Hash 实现的。下面演示路由插件的使用，如实例 6－1 所示。

【实例 6－1】路由插件使用演示。

（1）在 CLI 中创建项目，在 src 目录中新建两个组件 home.vue 和 about.vue。

home.vue：

```
<template>
  <div>
    <h1>home</h1>
    <p>{{ msg }}</p>
  </div>
</template>

<script>
export default {
  data() {
    return {
      msg: "我是 home 组件"
    }
  }
}
</script>
```

about.vue：

```
<template>
  <div>
    <h1>about</h1>
    <p>{{ aboutMsg }}</p>
  </div>
</template>

<script>
export default {
  data() {
    return {
      aboutMsg: '我是 about 组件'
    }
  }
```

```
}
</script>
```

（2）在 App.vue 中定义 <router-link> 和 <router-view>。

```
<template>
  <div id="app">
    <img src="./assets/logo.png">
    <header>
      <!--router-link 定义单击后导航到哪个路径下 -->
      <router-link to="/home">Home</router-link>
      <router-link to="/about">About</router-link>
    </header>
    <!-- 对应的组件内容渲染到 router-view 中 -->
    <router-view></router-view>
  </div>
</template>

<script>
export default {
  // your code here
}
</script>
```

（3）在 src 目录中的 index.js 中定义 router，就是定义路径到组件的映射。

```
import Vue from "vue";
import VueRouter from "vue-router";
//引入组件
import home from "./home.vue";
import about from "./about.vue";
//告诉 Vue 使用 vue-router
Vue.use(VueRouter);

const routes = [
  {
    path: "/home",
    component: home
  },
  {
    path: "/about",
    component: about
  }
];
var router = new VueRouter({
```

```
    routes
  });
  export default router;
```

（4）把路由注入根实例中，启动路由。这里其实还有一种方法，就像 Vuex store 注入根实例中一样，也可以把 vue-router 直接注入根实例中。在 main.js 中引入路由，注入根实例中：

```
import Vue from 'vue'
import App from './App.vue'
import router from './index.js'   //引入路由

new Vue({
  el: '#app',
  router,                                   //注入根实例中
  render: h => h(App)
});
```

（5）这时单击页面上的 Home 按钮和 About 按钮可以看到组件来回切换。但是有一个问题，当首次进入页面时，页面中并没有显示任何内容。这是因为首次进入页面时，它的路径是 '/'，并没有给这个路径做相应的配置。一般情况下，页面一加载进来都会显示 Home 页面，需要将这个路径指向 Home 组件。如果写 {path:'/'，component:home}，虽然可以展示 Home 组件，但是路径为 '/' 和 '/home' 展示的同一个组件，路径和页面的匹配不便于用户理解，造成用户体验不够好。这就需要重定向。所谓重定向，就是重新给它指定一个方向，它本来是访问 '/' 路径，重新指向 '/home' 就相当于访问 '/home'，相应地，Home 组件就会显示到页面上。vue-router 中使用 redirect 来定义重定向：

```
const routes = [
  {
    path: "/home",
    component: home
  },
  {
    path: "/about",
    component: about
  },
  //重定向
  {
    path: '/',
    redirect: '/home'
  }
]
```

现在页面正常了，首次进入显示 Home 内容，并且单击也可以看到内容的切换。

综上所述，vue-router 的基本使用步骤如下：

（1）引入 vue-router 插件。

（2）让根元素 Vue 载入自定义的 VueRouter 对象（此对象由 vue-router 插件提供，插件最后会返回一个 VueRouter 对象和 <router-link> 和 <router-view> 组件），方便后面使用。

（3）创建、配置一个 router 对象，里面设定好不同的锚点值对应的路由及对应好第二步里自定义的 VueRouter 对象。

（4）将创建好的 router 对象挂载到 Vue 实例对象上，如果报匹配错误，一定是根元素 Vue 里没有写入 router。

（5）利用 vue-router 插件提供的两个全局的组件 <router-link> 和 <router-view> 设定好 DOM 布局，通过 <router-link> 组件的 to 属性设定好路由路径，组件最后会被渲染成 <a> 标签，<router-view> 给定一个路由组件的出口，用于让 VueRouter 对象进行数据渲染。

（6）根据不同的路由，渲染整个页面，最后显示出来。

6.1.3 vue-router 的高级用法

vue-router 提供的导航守卫主要用来通过跳转或取消的方式守卫导航。简单地说，导航守卫是指在路由正在发生改变的过程中，通过跳转或取消跳转的方式控制导航。

导航守卫分为全局前置守卫、单个路由独享的导航守卫及组件内的导航守卫三种，下面分别进行介绍。

1. 全局前置守卫

使用 router.beforeEach 注册一个全局前置守卫：

```
const router = new VueRouter({...})
router.beforeEach((to, from, next) => {
    // ...
})
```

（1）to：即将要进入的目标路由对象。

（2）from：当前导航正要离开的路由对象。

（3）next：调用该方法来 resolve 这个钩子。

① next()：进行管道中的下一个钩子。如果全部钩子执行完了，则导航的状态就是 confirmed（确认的）。

② next（false）：中断当前的导航。如果浏览器的 URL 改变了（可能是用户手动或者单击浏览器后退按钮），那么 URL 地址会重置到 from 路由对应的地址。

③ next（'/'）或者 next（{path:'/'}）：跳转到一个不同的地址。当前的导航被中断，然后进行一个新的导航。

④ next（error）：如果传入 next 的参数是一个 error 实例，则导航会被终止且该错误会被传递给 router.onError() 注册过的回调。

2. 单个路由独享的导航守卫

在路由配置上直接定义 beforeEnter 守卫：

```
const router = new VueRouter({
  routes: [
    {
      path: '/foo',
      component: Foo,
      beforeEnter: (to, from, next) => {
        // 在这里补充完整的逻辑
        next();
      }
    }
  ]
});
```

这样定义的守卫是单个路由独享的，只有进入该路由时才会执行这个守卫。其参数与全局前置守卫的方法参数是一样的。

3. 组件内的导航守卫

在路由组件内直接定义以下导航守卫：beforeRouteEnter，beforeRouteUpdate（2.2 新增），beforeRouteLeave。

```
const Foo = {
  template: '...',
  beforeRouteEnter(to, from, next) {
    // 在渲染该组件的对应路由被 confirmed 前调用
    // 不能获取组件实例 'this'
    // 因为当守卫执行前，组件实例还没被创建
    next(vm => {
     // 通过 'vm' 访问该组件实例，这里的 vm 相当于 this
    })
  },
  beforeRouteUpdate(to, from, next) {
    // 在当前路由改变，但是该组件被复用时调用
    // 举例来说，对于一个带有动态参数的路径 /foo/:id，在 /foo/1 和 /foo/2 之间跳转的时候
    // 由于会渲染同样的 Foo 组件，因此组件实例会被复用。而这个钩子就会在这个情况下被调
    // 用。可以访问组件实例 'this'
  },
  beforeRouteLeave(to, from, next) {
    // 导航离开该组件的对应路由时调用
    // 可以访问组件实例 'this'
    const answer = window.confirm('Do you really want to leave? You have
    unsaved changes!')
```

```
    if (answer) {
      next()
    } else {
      next(false)
    }
  }
}
```

完整的导航解析流程（执行顺序）如下：

（1）导航被触发。

（2）在激活的组件中调用离开守卫。

（3）调用全局的 beforeEach 守卫。

（4）在重用的组件里调用 beforeRouteUpdate 守卫（2.2 新增）。

（5）在路由配置中调用 beforeEnter。

（6）解析异步路由组件。

（7）在被激活的组件里调用 beforeRouteEnter。

（8）调用全局的 beforeResolve 守卫（2.5 新增）。

（9）导航被确认。

（10）调用全局的 afterEach 钩子。

（11）触发 DOM 更新。

（12）用创建好的实例调用 beforeRouteEnter 守卫中传给 next 回调函数。

【实例 6－2】项目导航演示。

（1）创建 Vue CLI 3 项目 client602:vue create client602。

（2）修改 src/App.vue。

```
<template>
  <div id="app">
    <router-view />
  </div>
</template>
<script>
export default {
  watch: {
    $route(to, from) {
      console.log("watch $route from:" + from.path);
      console.log("watch $route to:" + to.path);
      //对路由变化做出响应 ...
    },
  },
};
</script>
```

```
<style lang="less">
#app {
  font-family: 'Avenir', Helvetica, Arial, sans-serif;
  -webkit-font-smoothing: antialiased;
  -moz-osx-font-smoothing: grayscale;
  text-align: center;
  color: #2c3e50;
}
#nav {
  padding: 30px;
  a {
    font-weight: bold;
    color: #2c3e50;
    &.router-link-exact-active {
      color: #42b983;
    }
  }
}
</style>
```

（3）修改 src/main.js。

```
import Vue from 'vue';
import App from './App.vue';
import router from './router';
import store from './store';
Vue.config.productionTip = false;
new Vue({
  router,
  store,
  render: h => h(App)
}).$mount('#app');
```

（4）在 src 中添加 router.js。

```
import Vue from 'vue'
import Router from 'vue-router'
import Project from '@/views/Project.vue'
Vue.use(Router)
const myRouter = new Router({
  mode: 'history',
  base: process.env.BASE_URL,
  routes: [
    {
      path: '/',
```

```
      name: 'layout',
      component: () => import('@/views/Layout.vue'),
      redirect: '/home',
      children: [
        {
          path: 'home',
          name: 'home',
          component: () => import('@/views/Home.vue')
        },
        {
          path: 'projectlist',
          name: 'projectlist',
          component: () => import('@/views/ProjectList.vue'),
          props: { listTitle: "项目列表展示" },
          children: [
            {
              path: 'project/:projectId',
              name: 'project',
              props: true,
              component: Project,
              beforeEnter: (to, from, next) => {
                console.log("独享守卫 to:" + to.path);
                console.log("独享守卫 from:" + from.path);
                next();
              }
            }
          ]
        },
  {
          path: 'projectlist2',
          name: 'projectlist2',
          component: () => import('@/views/ProjectList2.vue'),
          props: (route) => ({ listTitle: route.query.title }),

              name: 'project2',
              components: {
                default: () => import('@/components/ProjectDetailHead.vue'),
                detail: () => import('@/components/ProjectDetailContent.vue')
              },
              props: { default: false, detail: true }
            }
          ]
        }
```

```
      ]
    },
    {
      path: '*',
      name: 'page404',
      component: () => import('@/views/404.vue')
    }
  ]
});
myRouter.beforeEach((to, from, next) => {
  console.log("全局前置守卫 to:" + to.path);
  console.log("全局前置守卫 from:" + from.path);
  next();
});
myRouter.afterEach((to, from) => {
  console.log("全局后置钩子 to:" + to.path);
  console.log("全局后置钩子 from:" + from.path);
});
export default myRouter;
```

（5）在 src 中添加 store.js。

```
import Vue from 'vue'
import Vuex from 'vuex'
Vue.use(Vuex)
export default new Vuex.Store({
  state: {
    //在这里定义 state 的属性和方法
  },
  mutations: {
    //在这里定义 mutations 的方法
  },
  actions: {
    //在这里定义 actions 的方法
  }
})
```

在这里需要使用模块 vuex 和 less-loader@5.0.0。

（6）在 src/components 中添加 Menu.vue。

```
<template>
  <div id="nav">
    <router-link :to="{ name: 'home' }">首页</router-link>|
    <router-link :to="{ name: 'projectlist' }">项目列表</router-link>|
    <router-link :to="{ name: 'projectlist2', params: { title: '项目列表
```

```
    展示 ' } }">项目列表 2</router-link>|
    <router-link to="/about">未定义路由的页面</router-link>
  </div>
</template>
```

（7）在 src/components 中添加 ProjectDetailContent.vue。

```
<template>
  <div>
    <div>项目 ID:{{projectId}}</div>
  </div>
</template>
<script>
export default {
  name: 'ProjectDetailContent',
  props: {
    projectId: {
      type: [Number, String],
      required: true
    }
  }
}
</script>
```

（8）在 src/components 中添加 ProjectDetailHead.vue。

```
<template>
  <div>
    <h5>项目详情标题</h5>
  </div>
</template>
<script>
export default {
  name: 'ProjectDetailHead'
}
</script>
```

（9）在 src/components 中添加 ProjectLeft.vue。

```
<template>
  <div>
    <div v-for="item in projects" v-bind:key="item.id">
      <router-link :to="{name:'project', params:{projectId:item.id}}">
      {{item.name}}</router-link>
    </div>
  </div>
```

```
</template>

<script>
export default {
  data() {
    return {
      projects: [
        {
          name: '项目一',
          id: 1
        },
        {
          name: '项目二',
          id: 2
        }
      ]
    }
  }
}
</script>
```

（10）在 src 中添加 views 目录，并在其中添加 404.vue。

```
<template>
<div class="wscn-http404-container">
<div class="wscn-http404">
<div class="pic-404">
<img class="pic-404__parent" alt="404"><img class="pic-404__childleft"
alt="404">
<img class="pic-404__childmid" alt="404">
<img class="pic-404__childright" alt="404">
</div>
<div class="bullshit">
<div class="bullshit__oops">页面不存在！ </div>
<div class="bullshit__info">Allrightsreserved
<a style="color:#20a0ff" href="http:/johnnynie.github.io" target="_
blank">John
nynie</a>
</div>
<div class="bullshit__headline">{{message}}</div>
<div class="bullshit__info">请确认地址是否正确，或者单击下面链接回到首页</div>
<router-link to="/"class="bullshit__return-home">回到首页</router-link>
</div>
</div>
```

```
</div>
</template>
<script>
export default {
name: 'Page404',
computed: {
message() {
return '该页面不存在...'
}
}
}
</script>
<style lang="less" scoped>
.wscn-http404-container {
transform: translate(-50%, -50%);
position: absolute;
top: 40%;
left: 50%;
}
.wscn-http404 {
position: relative;
width: 1200px;
padding: 050px;
overflow: hidden;
}
.pic-404 {
position: relative;
float: left;
width: 600px;
overflow: hidden;
}
.pic-404__parent {
width: 100%;
}
.pic-404__child {
position: absolute;
}
.pic-404__child.left {
width: 80px;
top: 17px;
left: 220px;
opacity: 0;
animation-name: cloudLeft;
```

```
animation-duration: 2s;
animation-timing-function: linear;
animation-fill-mode: forwards;
animation-delay: 1s;
}
.pic-404__child.mid {
width: 46px;
top: 10px;
left: 420px;
opacity: 0;
animation-name: cloudMid;
animation-duration: 2s;
animation-timing-function: linear;
animation-fill-mode: forwards;
animation-delay: 1.2s;
}
.pic-404__child.right {
width: 62px;
top: 100px;
left: 500px;
opacity: 0;
animation-name: cloudRight;
animation-duration: 2s;
animation-timing-function: linear;
animation-fill-mode: forwards;
animation-delay: 1s;
}
@keyframes cloudLeft {
0% {
top: 17px;
left: 220px;
opacity: 0;
}
20% {
top: 33px;
left: 188px;
opacity: 1;
}
80% {
top: 81px;
left: 92px;
opacity: 1;
}
```

```
100% {
top: 97px;
left: 60px;
opacity: 0;
}
}
@keyframes cloudMid {
0% {
top: 10px;
left: 420px;
opacity: 0;
}
20% {
top: 40px;
left: 360px;
opacity: 1;
}
70% {
top: 130px;
left: 180px;
opacity: 1;
}
100% {
top: 160px;
left: 120px;
opacity: 0;
}
}
@keyframes cloudRight {
0% {
top: 100px;
left: 500px;
opacity: 0;
}
20% {
top: 120px;
left: 460px;
opacity: 1;
}
80% {
top: 180px;
left: 340px;
opacity: 1;
```

```
}
100% {
top: 200px;
left: 300px;
opacity: 0;
}
}
.bullshit {
position: relative;
float: left;
width: 300px;
padding: 30px 0;
overflow: hidden;
}
.bullshit__oops {
font-size: 32px;
font-weight: bold;
line-height: 40px;
color: #1482f0;
opacity: 0;
margin-bottom: 20px;
animation-name: slideUp;
animation-duration: 0.5s;
animation-fill-mode: forwards;
}
.bullshit__headline {
font-size: 20px;
line-height: 24px;
color: #222;
font-weight: bold;
opacity: 0;
margin-bottom: 10px;
animation-name: slideUp;
animation-duration: 0.5s;
animation-delay: 0.1s;
animation-fill-mode: forwards;
}
.bullshit__info {
font-size: 13px;
line-height: 21px;
color: grey;
opacity: 0;
margin-bottom: 30px;
```

```
animation-name: slideUp;
animation-duration: 0.5s;
animation-delay: 0.2s;
animation-fill-mode: forwards;
}
.bullshit__return-home {
display: block;
float: left;
width: 110px;
height: 36px;
background: #1482f0;
border-radius: 100px;
text-align: center;
color: #ffffff;
opacity: 0;
font-size: 14px;
line-height: 36px;
cursor: pointer;
animation-name: slideUp;
animation-duration: 0.5s;
animation-delay: 0.3s;
animation-fill-mode: forwards;
}
@keyframes slideUp {
0% {
transform: translateY(60px);
opacity: 0;
}
100% {
transform: translateY(0);
opacity: 1;
}
}
</style>
```

（11）在 src/views 中添加 Home.vue。

```
<template>
  <div class="home">
    <img alt="Vuelogo" src="../assets/logo.png">
  </div>
</template>

<script>
```

```
import Home from './Home.vue';

export default {
  name: 'Home',
  components: {
    Home
  },
  data() {
    return {
      // Add your data properties here
    };
  },
  methods: {
    // Add your methods here
  },
  mounted() {
    // Add your code to run after the component is mounted
  }
};
</script>
```

（12）在 src/views 中添加 Layout.vue。

```
<template>
  <div>
    <Menu />
    <router-view />
  </div>
</template>

<script>
import Menu from '@/components/Menu.vue'
export default {
  name: 'Layout',
  components: {
    Menu
  }
}
</script>
```

（13）在 src/views 中添加 Project.vue。

```
<template>
  <div>
    <h5> 项目详情标题 </h5>
```

```
    <div>项目 ID:{{projectId}}</div>
  </div>
</template>
export default {
  name: 'Project',
  props: {
    projectId: [Number, String]
  },
  beforeRouteEnter(to, from, next) {
    // 在渲染该组件的对应路由被 confirm 前调用
    // 不能获取组件实例 'this'
    // 因为当守卫执行前，组件实例还没被创建
    console.log("组件内的 beforeRouteEnter");
    next(vm => {
      // 通过 'vm' 访问 Vue 实例，这里的 vm 相当于 this
      console.log(vm);
    })
  },
  beforeRouteUpdate(to, from, next) {
    console.log("组件内的 beforeRouteUpdate");
    console.log(this);
    next();
    // 在当前路由改变，但是该组件被复用时调用
    // 举例来说，对于一个带有动态参数的路径 /foo/:id，在 /foo/1 和 /foo/2 之间跳转的时候，
    // 由于会渲染同样的 Foo 组件，因此组件实例会被复用。而这个钩子就会在这个情况下被
    // 调用。
    // 可以访问组件实例 'this'
  },
  beforeRouteLeave(to, from, next) {
    console.log("组件内的 beforeRouteLeave");
    console.log(this);
    next();
    // 导航离开该组件的对应路由时调用
    // 可以访问组件实例 'this'
  },
  methods: {

  }
}
```

（14）在 src/views 中添加 ProjectList.vue。

```
<template>
  <div>
```

```
    <h2>
      {{listTitle}}
    </h2>
    <div>
      <ProjectLeft class="left"/>
      <div class="right">
        <router-view/>
        <router-view name="detail"/>
      </div>
    </div>
  </div>
</template>

<script>
import ProjectLeft from '@/components/ProjectLeft.vue'
export default{
  name:'ProjectList',
  props:{
    listTitle:String
  },
  data(){
    return{
    }
  },
  components:{
    ProjectLeft
  }
}
</script>

<style lang="less" scoped>
.left{
  float:left;
  width:40%;
  text-align:right;
}
.right{
  float:right;
  width:60%;
  text-align:left;
}
</style>
```

（15）在 src/views 中添加 ProjectList2.vue。

```
<template>
  <div>
    <h2>
      {{listTitle}}
    </h2>
    <div>
      <ProjectLeft class="left"/>
      <div class="right">
        <router-view/>
        <router-view name="detail"/>
      </div>
    </div>
  </div>
</template>

<script>
import ProjectLeft from '@/components/ProjectLeft2.vue'
export default{
  name:'ProjectList2',
  props:{
    listTitle:String
  },
  data(){
    return{
    }
  },
  components:{
    ProjectLeft
  }
}
</script>

<style lang="less" scoped>
.left{
  float:left;
  width:35%;
  text-align:right;
}
.right{
  float:right;
  width:65%;
```

```
  text-align:left;
}
</style>
```

（16）安装依赖组件 vuex 和 less-loader。

```
npm install -g vuex
npm install --save less
npm install --save less-loader@5.0.0
```

（17）用 npm run serve 命令启动客户端。

6.2 动态路由

此处可参看视频：

6－2 动态路由及路由传参

所谓动态路由就是根据路径不同，显示内容不同，就像图片路径：image/1，其中变化的就是这个“1”，根据这个数字的变化会展示不同的图片。也就是需要把某种模式匹配到的所有路由，全都映射到同一个组件。

例如，现在有一个 User 组件，对于所有 id 互不相同的用户，都要使用这个组件来渲染。那么，可以在 vue-router 的路由路径中使用“动态路径参数”来达到这个效果：

```
const User = {
  template: '<div>User</div>'
}
const router = new VueRouter({
  routes: [
    //动态路径参数以冒号开头
    { path: '/user/:id', component: User }
  ]
})
```

现在，像 /user/foo 和 /user/bar 都将映射到相同的路由。

一个“路径参数”使用冒号“：”标记。当匹配到一个路由时，参数值会被设置到 this. $route.params，可以在每个组件内使用。于是，可以更新 User 的模板，输出当前用户的 id：

```
const User = {
  template: '<div>User{{ $route.params.id }}</div>'
};
```

可以在一个路由中设置多段“路径参数”，对应的值都会设置到 $ route.params 中，匹配示例见表 6－1。

表 6－1　路径参数匹配示例表

模式	匹配路径	$ route.params
/user/:username	/user/evan	{username:'evan'}
/user/:username/post/:post_id	/user/evan/post/123	{username:'evan'，post_id:'123'}

除了 $ route.params 外，$ route 对象还提供了其他有用的信息，如 $ route.query（如果 URL 中有查询参数）、$ route.Hash 等。

6.2.1　响应路由参数的变化

当使用路由参数时，如从 /user/foo 导航到 /user/bar，原来的组件实例会被复用。因为两个路由都渲染同一个组件，比起销毁再创建，复用则显得更加高效。不过，这也意味着组件的生命周期钩子不会再被调用。

复用组件时，若想对路由参数的变化做出响应，可以简单地 watch（监测）$ route 对象：

```
const User = {
  template: '...',
  watch: {
    $route(to, from) {
      // 对路由变化做出响应的具体实现 ...
    }
  }
};
```

或者使用 beforeRouteUpdate 导航守卫：

```
const User = {
  template: '...',
  beforeRouteUpdate(to, from, next) {
    // react to route changes...
    // don't forget to call next()
    next();
  }
};
```

6.2.2　捕获所有路由

常规参数只会匹配被 / 分隔的 URL 片段中的字符。如果想匹配任意路径，可以使用通配符（*）：

```
{
/会匹配所有路径
path:'*'}
{
/会匹配以 '/user-' 开头的任意路径
path:'/user-*'
}
```

当使用通配符路由时，请确保路由的顺序是正确的，也就是说含有通配符的路由应该放在最后。路由 {path:'*'} 通常用于客户端 404 错误。如果使用了 History 模式，需要确保正确配置服务器。

当使用一个通配符时，$ route.params 内会自动添加一个名为 pathMatch 的参数。它包含了 URL 通过通配符被匹配的部分：

```
//给出一个路由
{
  path: '/user-*',
  beforeEnter: function (to, from, next) {
    if (to.params.pathMatch('admin')) {
      this.$router.push('/user-admin');
    } else {
      next();
    }
  }
}
//给出一个路由
{
  path: '/*',
  beforeEnter: function (to, from, next) {
    if (to.params.pathMatch('/non-existing')) {
      this.$router.push('/non-existing');
    } else {
      next();
    }
  }
}
```

6.2.3 高级匹配模式

vue-router 利用 path-to-regexp 作为路径匹配引擎，支持多种高级模式。它具备强大的功能，能够处理可选的动态路径参数，包括零个或多个、一个或多个，甚至支持自定义正则表达式进行匹配，具体见实例 6－3。

【实例 6－3】

```
import Vue from 'vue';
import VueRouter from 'vue-router';
Vue.use(VueRouter);
const router = new VueRouter({
  mode: 'history',
  base: __dirname,
  routes: [
    { path: '/' },
    { path: '/params/:foo/:bar' },
    { path: '/optional-params/:foo?' },
    { path: '/params-with-regex/:id(\\d+)' },
    { path: '/asterisk/*' },
    { path: '/optional-group/(foo/)?bar' }
  ]
});
new Vue({
  router,
  template: `
    <div id="app">
      <h1>RouteMatching</h1>
      <ul>
        <li><router-link to="/">/</router-link></li>
        <li><router-link to="/params/foo/bar">/params/foo/bar</router-
        link></li>
        <li><router-link to="/optional-params">/optional-params</router-link></li>
        <li><router-link to="/optional-params/foo">/optional-params/foo</
        router-link></li>
        <li><router-link to="/params-with-regex/123">/params-with-
        regex/123</router-link></li>
        <li><router-link to="/params-with-regex/abc">/params-with-regex/
        abc</router-link></li>
        <li><router-link to="/asterisk/foo">/asterisk/foo</router-link></li>
        <li><router-link to="/asterisk/foo/bar">/asterisk/foo/bar</router-
        link></li>
        <li><router-link to="/optional-group/bar">/optional-group/bar</
        router-link></li>
        <li><router-link to="/optional-group/foo/bar">/optional-group/foo/
        bar</router-link></li>
      </ul>
      <p>Routecontext</p>
      <pre>{{ JSON.stringify($route, null, 2) }}</pre>
```

```
      </div>
    `
  }).$mount('#app');
```

有时候，同一个路径可以匹配多个路由，此时，匹配的优先级就按照路由的定义顺序，路由定义得越早，优先级就越高。

6.3 嵌套路由

实际生活中的应用界面，通常由多层嵌套的组件组合而成。同样地，URL 中各段动态路径也按某种结构对应嵌套的各层组件，如图 6 – 2 所示。

此处可参看视频：

6 – 3 嵌套路由

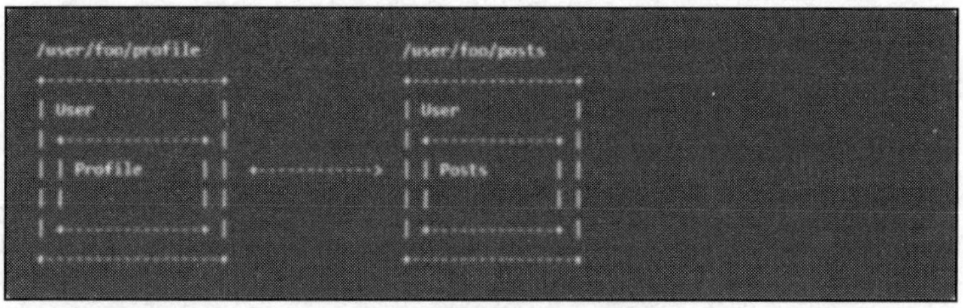

图 6 – 2 嵌套路由效果图

借助 vue-router，使用嵌套路由配置，就可以很简单地表达这种关系。

接着上节创建的 app：

```
<div id="app">
  <router-view></router-view>
</div>
<script>
const User = {
  name: 'User',
  template: '<div>User {{ $route.params.id }}</div>'
}
const router = new VueRouter({
  routes: [{ path: '/user/:id', component: User }]
})
</script>
```

这里的 <router-view> 是最顶层的出口，渲染最高级路由匹配到的组件。同样地，一个被渲染组件同样可以包含自己的嵌套 <router-view>。例如，在 User 组件的模板添加一个 <router-view>：

```
const User = {
  template: `
    <div class="user">
      <h2>User{{{$route.params.id}}}</h2>
      <router-view></router-view>
    </div>
  `
};
```

要在嵌套的出口渲染组件，需要在 VueRouter 的参数中使用 children 配置：

```
const router = new VueRouter({
  routes: [
    {
      path: '/user/:id',
      component: User,
      children: [
        {
          // 当 /user/:id/profile 匹配成功时
          // UserProfile 会被渲染在 User 的 <router-view> 中
          path: 'profile',
          component: UserProfile
        },
        {
          // 当 /user/:id/posts 匹配成功时
          // UserPosts 会被渲染在 User 的 <router-view> 中
          path: 'posts',
          component: UserPosts
        }
      ]
    }
  ]
});
```

要注意，以 / 开头的嵌套路径会被当作根路径，这让开发人员可以充分地使用嵌套组件而无须设置嵌套的路径。

还会发现，children 配置就是像 routes 配置一样的路由配置数组，所以可以嵌套多层路由。

此时，基于上面的配置，当访问 /user/foo 时，User 的出口是不会渲染任何东西的，这是因为没有匹配到合适的子路由。如果想要渲染点什么，可以提供一个空的子路由：

```
const router = new VueRouter({
  routes: [
    {
```

```
      path: '/user/:id',
      component: User,
      children: [
        {
          path: 'UserHome',
          component: UserHome
        },
        // ... 其他子路由
      ]
    }
  ]
});
```

6.4 命名路由

此处可参看视频：

6-4 命名路由

有时候，通过一个名称来标识一个路由会显得更方便，特别是在链接一个路由，或者执行一些跳转的时候。可以在创建 VueRouter 实例的时候，在 routes 配置中给某个路由设置名称：

```
const router = new VueRouter({
  routes: [
    {
      path: '/user/:userId',
      name: 'user',
      component: User
    }
  ]
});
```

要链接到一个命名路由，可以给 <router-link> 的 to 属性传一个对象：

```
<router-link :to="{name:'user', params:{userId:'123'}}">User</router-link>
```

这跟代码调用 router.push() 是一回事：

```
router.push({name: 'user', params: {userId: 123}});
```

这两种方式都会把路由导航到 /user/123 路径。

【实例 6－4】命名路由演示。

```
import Vue from 'vue'
import VueRouter from 'vue-router'
Vue.use(VueRouter)
const Home={template:'<div>ThisisHome</div>'}
const Foo={template:'<div>ThisisFoo</div>'}
const Bar={template:'<div>ThisisBar{{$route.params.id}}</div>'}
const router=new VueRouter({
mode:'history',
base:__dirname,
routes:[
{path:'/', name:'home', component:Home},
{path:'/foo', name:'foo', component:Foo},
{path:'/bar/:id', name:'bar', component:Bar}
]
})
new Vue({
router,
template:'
<div  id="app">
<h1>NamedRoutes</h1>
<p>Currentroutename:{{$route.name}}</p>
<ul>
<li><router-link :to="{name:'home'}">home</router-link></li>
<li><router-link :to="{name:'foo'}">foo</router-link></li>
<li><router-link  :to="{name:'bar', params:{id:'123'}}">bar</router-
link></li></ul>
<router-view class="view"></router-view>
</div>
'
}).$mount('#app')
```

6.5 命名视图

6.5.1 什么是命名视图

在开发中，有时候想同时或同级展示多个视图，而不是嵌套展示，则可以在页面中定义多个单独命名的视图。例如，创建一个布局，有 nav（头部区域）、sidebar（侧导航区域）和 main（主体区域）3 个视图，这时候就可以使用命名视图来实现。

使用 <router-view> 可以为视图进行命名，它主要用来负责路由跳转后组件的展示。在 <router-view> 上定义 name 属性表示视图的名字，然后就可以根据不同的 name 值展示不同的页面，如 left、main 等。如果 <router-view> 没有设置名字，那么就默认为 default。

此处可参看视频：

6-5 命名视图

6.5.2 命名视图案例

下面我们通过一个案例来讲解命名视图的使用，如实例 6-5 所示。

【实例 6-5】

```
<!DOCTYPE html>
<html lang="en">
<head>
    <meta charset="UTF-8">
    <meta name="viewport" content="width=device-width, initial-
    scale=1.0">
    <title></title>
   <style>
        html, body {margin: 0;padding: 0;}
        h1 {margin: 0;padding: 0;font-size: 16px;}
        .nav {background-color: lightblue;height: 80px;}
        .container {display: flex;height: 600px;}
        .sidebar {background-color: lightgreen;flex: 2;}
        .main {background-color: lightpink;flex: 8;}
    </style>
</head>
<body>
<div id="app">
    <router-view></router-view>
    <div class="container">
        <router-view name="left"></router-view>
        <router-view name="main"></router-view>
    </div>
</div>
<script>
    var nav = {template: '<h1 class="nav">nav 头部区域 </h1>'};
    var sidebar = {template: '<h1 class="sidebar">sidebar 侧导航区域 </h1>'};
    var mainBox = {template: '<h1 class="main">mainBox 主体区域 </h1>'};
    var router = new VueRouter({
        routes: [{
            path: '/',
            components: {
```

```
                default: nav,
                left: sidebar,
                main: mainBox
            }
        }]
    });
    new Vue({
        el: '#app',
        router: router
    });
</script>
</body>
</html>
```

6.6 路由导航案例

【**实例 6－6**】完成如图 6－3 所示的页面导航（管理系统效果图）。

实现代码：index.html。

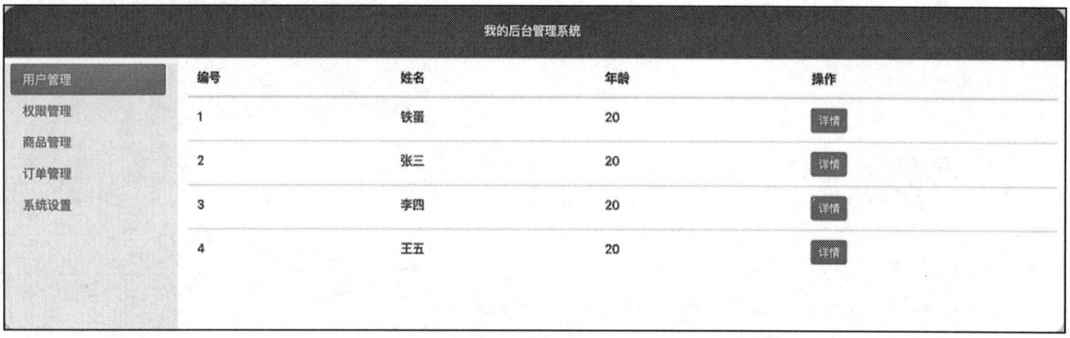

图 6－3　管理系统效果图

代码如下所示：

```
<!DOCTYPE html>
<html lang="en">
<head>
<meta charset="UTF-8" />
<meta name="viewport" content="width=device-width, user-scalable=no,
initial-scale=1.0, maximum-scale=1.0, minimum-scale=1.0" />
<meta http-equiv="X-UA-Compatible" content="ie=edge" />
```

```
<title>Document</title>
<link rel="stylesheet" href="https://cdn.staticfile.org/twitter-bootstrap/
4.3.1/css/bootstrap.min.css" />
<style>
html,
body,
#app {
width: 100%;
height: 100%;
}
.layout-header {
display: flex;
height: 70px;
}
.h-full {
height: 100%;
}
.router-link-active {
color: #fff;
background-color: #007bff;
}
</style>
<!-- vue.js and router.js -->
<script src="https://unpkg.com/vue@2.6.14/dist/vue.min.js"></script>
<script src="https://unpkg.com/vue-router@3/dist/vue-router.js"></script>
</head>
<body>
<div id="app">
<router-view></router-view>
</div>
<script>
const App = {
<!-- app root -->
template: `
<div class="container-fluid h-full" id="app">
<div class="row h-full">
<div class="col-12 layout-header bg-dark align-items-center justify-
content-center text-light font-weight-bold">
我的后台管理系统
</div>
<div class="col-2 h-full bg-light mt-2">
<!-- 垂直导航栏 -->
<ul class="nav nav-pills flex-column">
```

```
<li class="nav-item">
<router-link class="nav-link" to='/users'> 用户管理 </router-link>
</li>
<li class="nav-item">
<router-link class="nav-link" to='/rights'> 权限管理 </router-link>
</li>
<li class="nav-item">
<router-link class="nav-link" to='/goods'> 商品管理 </router-link>
</li>
<li class="nav-item">
<router-link class="nav-link" to='/orders'> 订单管理 </router-link>
</li>
<li class="nav-item">
<router-link class="nav-link" to='/settings'> 系统设置 </router-link>
</li>
</ul>
</div>
<div class="col-10">
<router-view></router-view>
</div>
</div>
</div>
`,
};
const Users = {
template: `
<table class="table">
<thead>
<tr>
<th> 编号 </th>
<th> 姓名 </th>
<th> 年龄 </th>
<th> 操作 </th>
</tr>
</thead>
<tbody>
<tr v-for="item in list" :key="item.id">
<td>{{ item.id }}</td>
<td>{{ item.name }}</td>
<td>{{ item.age}}</td>
<td>
<button class="btn btn-sm btn-primary" @click="$router.push('/userinfo/'+
item.id)"> 详情 </button>
```

```
</td>
</tr>
</tbody>
</table>
`,
data() {
return {
list: [
{
id: 1,
name: "铁蛋",
age: 20,
},
{
id: 2,
name: "张三",
age: 20,
},
{
id: 3,
name: "李四",
age: 20,
},
{
id: 4,
name: "王五",
age: 20,
},
],
};
},
};
const Rights = { template: "<div><h3>权限管理区域</h3></div>" };
const Goods = { template: "<div><h3>商品管理区域</h3></div>" };
const Orders = { template: "<div><h3>订单管理区域</h3></div>" };
const Settings = { template: "<div><h3>系统管理区域</h3></div>" };
const userInfo = {
props: ["id"],
template: `
<div>
<h5>用户详情页---用户ID为:{{ id }}</h5>
<button class="btn btn-primary" @click='GoBack'>后退</button>
</div>`,
```

```
methods: {
GoBack() {
//实现后退功能
this.$router.go(-1);
},
},
};
const router = new VueRouter({
routes: [
{
path: "/",
component: App,
redirect: "/users",
children: [
{ path: "/users", component: Users },
{ path: "/userinfo/:id", component: userInfo, props: true },
{ path: "/rights", component: Rights },
{ path: "/goods", component: Goods },
{ path: "/orders", component: Orders },
{ path: "/settings", component: Settings },
],
},
],
});
const app = new Vue({
el: "#app",
data: {},
router,
});
</script>
</body>
</html>
```

项目小结

本项目详细阐述了 Vue.js 路由插件 vue-router 的运用，从路由概念介绍到前后端路由的异同比较，使读者了解前端路由在前端开发中的关键地位。同时，本项目还介绍了两种前端路由的实现方式：Hash 路由和 History API 路由。通过 vue-router 插件，开发者能够迅速解决前端路由带来的挑战。

习 题

一、填空题

1. 在项目中可以通过 NPM 命令________安装路由 vue-router。
2. 使用________获取当前激活的路由的状态信息。
3. 通过一个名称来标识一个路由的方式叫作________。
4. 在业务逻辑代码中实现导航跳转的方式称为________。
5. 单页面应用主要通过 URL 中的________实现不同页面之间的切换。

二、判断题

1. 后端路由通过用户请求的 URL 导航到具体的 HTML 页面。（　　）
2. 开发环境下，使用 import VueRouter from 'vueRouter' 来导入路由。（　　）
3. 嵌套路由的使用，主要是由页面结构来决定的。（　　）
4. params 方式传参类似于 GET 请求。（　　）
5. 在单页面应用中更新视图可以不用重新请求页面。（　　）

三、选择题

1. 下列 vue-router 插件的安装命令，正确的是（　　）。

   A. npm install vue-router　　B. node install vue-router

   C. npm Install vueRouter　　D. npm Install vue-router

2. 下列关于 query 方式传参的说法，正确的是（　　）。

   A. query 方式传递的参数会在地址栏展示

   B. 在页面跳转的时候，不能在地址栏看到请求参数

   C. 在目标页面中使用“this. route.query. 参数名”来获取参数

   D. 在目标页面中使用“this.$route.params. 参数名”来获取参数

3. 下列关于 params 方式传参的说法，错误的是（　　）。

   A. 在目标页面中也可以使用“$route.params. 参数名”来获取参数

   B. 在页面跳转的时候，不能在地址栏看到请求参数

   C. params 方式传递的参数会在地址栏展示

   D. 在目标页面中使用“this.$route.params. 参数名”来获取参数

四、简答题

1. 请简述用 NPM 方式安装 vue-router 的步骤。
2. 请简述 vue-router 路由的作用。
3. 请简单列举并说明路由对象包括哪些属性。

五、实操题

请编码实现如图 6－4 所示的页面，要求：包含“登录”和“还没有账号，去注册?”按钮，单击不同按钮，实现登录和注册页的切换。

图 6－4　登录页面

项目 7 Vuex 全局状态管理

Vuex 是一个专为 Vue.js 应用程序开发的状态管理模式，它采用集中式存储管理应用的所有组件的状态，并以相应的规则保证状态以一种可预测的方式发生变化，Vuex 提供了操作组件状态的 mutaions 和 actions 选项。本项目将围绕 Vuex 状态管理进行详细讲解。

知识目标 1

- 了解基于 Vuex 的状态管理模式的实现原理
- 掌握 Vuex 中对象的使用方法
- 了解 Vuex 中 plugin 的使用方法
- 掌握 Vuex 中常用辅助函数的使用方法
- 熟悉 Devtools 的使用方法

能力目标 2

- 具备在 Vue 项目中使用 Vuex 实现全局状态管理的能力
- 具备利用 Devtools 调试前端项目的能力

素养目标 3

- 培养在项目开发中的大局观和系统观
- 培养在项目开发中的团结协作精神

7.1 Vuex 状态管理模式

7.1.1 什么是 Vuex

此处可参看视频：

7-1 什么是 Vuex

Vuex 是状态管理模式的一种实现库，主要以插件的形式和 Vue.js 进行配合使用，能够在 Vue.js 中管理复杂的组件状态。通常情况下，每个组件都会拥有自己的状态，也可以理解成自身实例中的 data 对象。用户在操作的过程中，会通过一些交互行为，如单 / 双击、输入等修改组件的状态，而此时往往需要将用户引起的状态变化通知到其他相关组件，使其也进行对应的修改。由于 Vue.js 本身的事件流是依赖于 DOM 结构的，组件修改状态后需要经过一系列冒泡才能达到顶部的组件，而且如果要修改兄弟组件的状态还需要共同的父组件再进行一次广播。这种方式无疑是低效且不易维护的，我们也很难去追踪事件流的走向。Vuex 是一个专为 Vue.js 应用程序开发的状态管理模式。它采用集中式存储管理应用的所有组件的状态，并以相应的规则保证状态以一种可预测的方式发生变化。

此处可参看视频：

7-2 Vuex 的使用原理

7.1.2 Vuex 的工作原理

Vuex 引入 state、getters 的概念对状态进行定义；使用 mutations 和 Actions 对状态进行变更；引入 module 对状态进行模块化分割；引入插件对状态进行快照、记录及追踪等；提供了 mapState、mapGetters、mapActions、mapMutations 辅助函数方便开发者在 Vue 实例或者组件中处理 store。Vuex 的工作原理如图 7－1 所示。

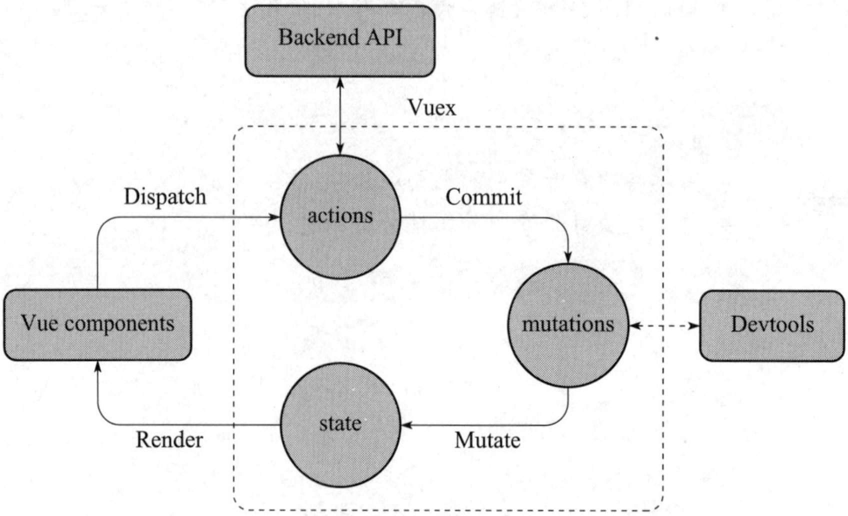

图 7－1　Vuex 的工作原理

7.1.3 Vuex 的作用

Vuex 在 Vue 应用中起到的作用包括：

（1）状态管理实现非父子通信。

（2）缓存数据避免重复请求，影响用户体验。

（3）Devtools 工具调试。

Vuex 实现上述作用均需要依赖于其基本原理中的单向数据流模式，在 Vue 应用中组件的状态变化是通过单向数据流实现的。单向数据流模式的工作原理如图 7－2 所示。单向数据流中有三个非常重要的概念：state、view 和 actions。state 指项目中的数据源；view 是受 state 驱动变化的视图；actions 为用户在 view 上因为交互产生的状态变化。

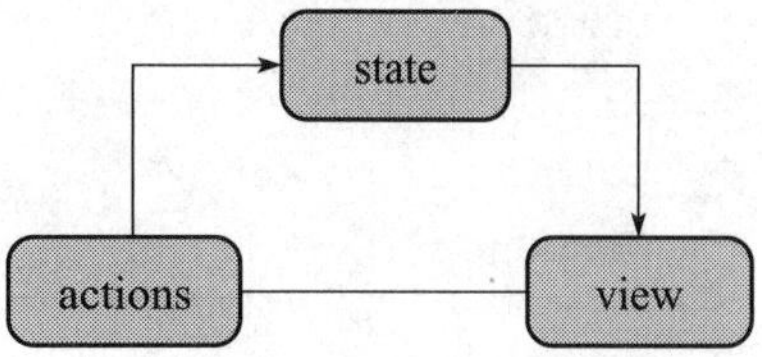

图 7－2　单向数据流模式的工作原理

7.1.4 Vuex 的实现

此处可参看视频：

7－3　Vuex 的实现步骤

在 Vue 项目中实现 Vuex 状态管理通常有两种方式，第一种是利用 <script> 标签直接引用 Vuex.js 文件来实现，第二种是利用 Vue CLI 在项目中安装 Vuex。

1. 利用 <script> 标签直接引用 Vuex.js 文件

首先，利用 <script> 标签直接引用 Vuex.js 文件，然后通过实例化 Vuex 生成各种基础对象，具体如实例 7－1 所示。

【实例 7－1】 Vuex 的实现原理。

（1）利用 <script> 标签引入 Vue.js 实现基本的 Vue 项目。

（2）利用 <script> 标签引入 Vuex.js。

（3）实例化 Vuex 仓库对象 store，并生成基础对象。

（4）在 Vue 实例中完成仓库对象 store 的注册。

```
<!DOCTYPE html>
<html>
<head>
<meta charset="utf-8" />
<title>demo01</title>
<script src="./js/vue.js"></script>
<script src="./js/vue-router.js"></script>
<script src="./js/vuex.js"></script>
</head>
<body>
<div id="app">
<router-view></router-view>
<router-link to="/login">登录</router-link>
```

```
<router-link to="/register">注册</router-link>
</div>
<script>
let login = {template: '<div>我是登录界面->{{$store.state.num}}</div>'}
let register = {template: '<div>我是注册界面->{{$store.state.num}}</div>'}
let router = new VueRouter({
routes: [{
path: '/login',
component: login
},{
path: '/register',
component: register
}]
})
let store = new Vuex.Store({
state: {
num: 1
},
mutations: {},
actions: {},
modules: {}
})
new Vue({
el:'#app',
router,
store
})
</script>
</body>
</html>
```

2. 利用 Vue CLI 在项目中安装 Vuex

Vuex 状态管理的实现，首先要安装 Vuex 模块，然后通过实例化 Vuex 生成基础对象，具体实现如下：

（1）安装 npm install vuex --save。

（2）Vuex 状态管理库。

（3）Vue.use（Vuex）。

（4）实例化 Vuex 并生成基础对象。

7.2 Vuex 对象

7.2.1 state 对象

Vuex 的基本数据，用来存储变量，使用单一状态树——用一个对象就包含了全部的应用层级状态。至此它便作为“唯一数据源”而存在。这也意味着，每个应用将仅仅包含一个 store 实例。单一状态树让我们能够直接定位任一特定的状态片段，在调试的过程中也能轻易地取得整个当前应用状态的快照。

此处可参看视频：

7－4 state 对象

【实例 7－2】Vuex 对象 state 的实现。

（1）定义 state。

（2）在子组件 template 中使用 state。

```
state: {num: ‘001’ }
let login = {
template: '<div> 我是登录界面 ->{{$store.state.num}}</div>'
}
```

实例内其他代码可以参见实例 7－1。

7.2.2 mutations 对象

更改 Vuex 的 store 实例中的状态的唯一方法是提交 mutations。Vuex 中的 mutations 非常类似于事件。每个 mutations 都有一个字符串的事件类型 type 和一个回调函数 handler。这个回调函数就是我们实际进行状态更改的地方，并且它会接收 state 作为第一个参数。

此处可参看视频：

7－5 mutations 对象

【实例 7－3】Vuex 对象 mutations 的实现。

（1）定义 state。

（2）在 store 中定义 mutations。

（3）利用 mutations 修改 state 中的状态。

```
<!DOCTYPE html>
<html>
<head>
<meta charset="utf-8" />
<title>demo03</title>
<script src="./js/vue.js"></script>
<script src="./js/vue-router.js"></script>
<script src="./js/vuex.js"></script>
```

```
</head>
<body>
<div id="app">
<router-view></router-view>
<router-link to="/login">登录 </router-link>
<router-link to="/register">注册 </router-link>
<button type="button" @click="add">add</button>
<button type="button" @click="change(20)">change</button>
</div>
<script>
let login = {template: '<div>我是登录界面 ->{{$store.state.num}}</div>'}
let register = {template: '<div>我是注册界面 ->{{$store.state.num}}</div>'}
let router = new VueRouter({
routes: [{
path: '/login',
component: login
},{
path: '/register',
component: register
}]
})
let store = new Vuex.Store({
state: {
num: 1
},
mutations: {
addNum(state){
state.num++;
},
changeNum(state, count){
state.num = count;
}
},
actions: {},
modules: {}
})
new Vue({
el:'#app',
methods: {
add(){
this.$store.commit('addNum');
},
change(num){
```

```
this.$store.commit('changeNum', num);
}
},
router,
store
})
</script>
</body>
</html>
```

7.2.3 actions 对象

在 mutations 中混合异步调用会导致程序很难调试。例如，当调用了两个包含异步回调的 mutations 来改变状态时，很难确定什么时候回调及哪个先回调。于是，我们需要想办法区分这两个概念。在 Vuex 中，mutations 都是同步事务。actions 类似于 mutations，不同之处在于 actions 提交的是 mutations，而不是直接变更状态，并且 actions 可以包含任意异步操作。

定时器 setTimeout 是典型的异步操作，为了实现延迟状态更新，我们可以在 actions 中利用定时器 setTimeout 实现。

此处可参看视频：

7－6　actions 对象

【实例 7－4】 Vuex 对象 actions 的实现。

（1）定义 state。

（2）在 store 中定义 actions。

（3）在 actions 中利用定时器 setTimeout 实现异步操作。

（4）在 setTimeout 回调中实现对 state 状态的更改。

```
<!DOCTYPE html>
<html>
<head>
<meta charset="utf-8" />
<title>demo04</title>
<script src="./js/vue.js"></script>
<script src="./js/vue-router.js"></script>
<script src="./js/vuex.js"></script>
</head>
<body>
<div id="app">
<router-view></router-view>
<router-link to="/login"> 登录 </router-link>
<router-link to="/register"> 注册 </router-link>
<button @click="add">1 秒后 +1</button>
<button @click="change(100)">2 秒后 =100</button>
</div>
```

```
<script>
let login = {template: '<div> 我是登录界面 ->{{$store.state.num}}</div>'}
let register = {template: '<div> 我是注册界面 ->{{$store.state.num}}</div>'}
let router = new VueRouter({
routes: [{
path: '/login',
component: login
},{
path: '/register',
component: register
}]
})
let store = new Vuex.Store({
state: {
num: 1
},
mutations: {
addNum(state){
state.num++;
},
changeNum(state, count){
state.num = count;
}
},
actions: {
addNumActions(state){
setTimeout(()=>{
store.commit('addNum');
}, 1000)
},
changeNumActions(state, count){
setTimeout(()=>{
store.commit('changeNum', count);
}, 2000)
}
},
modules: {}
})
new Vue({
el:'#app',
methods: {
add(){
this.$store.dispatch('addNumActions');
```

```
},
change(num){
this.$store.dispatch('changeNumActions', num);
}
},
router,
store
})
</script>
</body>
</html>
```

7.2.4 getters 对象

此处可参看视频：

7-7 getters 对象

getters 中的数据是从基本数据 state 派生的，相当于 state 的计算属性。有时候我们需要从 store 的 state 中派生出一些状态，如对列表进行过滤并计数等。

【实例 7-5】Vuex 对象 getters 的实现。

（1）定义 state。

（2）在 store 中定义 getters，返回 state 中的状态。

（3）在子组件 template 中使用 getters 获取状态。

```
<!DOCTYPE html>
<html>
<head>
<meta charset="utf-8" />
<title>demo05</title>
<script src="./js/vue.js"></script>
<script src="./js/vue-router.js"></script>
<script src="./js/vuex.js"></script>
</head>
<body>
<div id="app">
<router-view></router-view>
<router-link to="/login">登录</router-link>
<router-link to="/register">注册</router-link>
</div>
<template id="tmpLogin">
<div>
<div>我是登录界面 ->{{$store.state.num}}</div>
<div>{{$store.getters.getNum}}</div>
<div>{{getNum}}</div>
</div>
```

```
</template>
<script>
let login = {
template:'#tmpLogin',
computed: {
getNum(){return this.$store.getters.getNum;}
}
}
let register = {template: '<div> 我是注册界面 ->{{$store.state.num}}</div>'}
let router = new VueRouter({
routes: [{
path: '/login',
component: login
},{
path: '/register',
component: register
}]
})
let store = new Vuex.Store({
state: {
num: 1
},
getters: {
getNum(state){
return state.num;
}
}
})
new Vue({
el:'#app',
router,
store
})
</script>
</body>
</html>
```

此处可参看视频：

7-8 modules 对象

7.2.5 modules 对象

Vuex 可以利用 modules 对象实现模块化，让每一个模块拥有自己的 state、mutations、actions、getters 等，使状态管理结构非常清晰，方便管理。

【实例 7-6】 Vuex 对象 modules 的实现。

（1）定义 state。

（2）分别定义 loginModule 和 registerModule，并在其中分别定义 state 状态。

（3）在 store 中使用 modules 完成模块化。

```
<!DOCTYPE html>
<html>
<head>
<meta charset="utf-8" />
<title>demo06</title>
<script src="./js/vue.js"></script>
<script src="./js/vue-router.js"></script>
<script src="./js/vuex.js"></script>
</head>
<body>
<div id="app">
<router-view></router-view>
<router-link to="/login"> 登录 </router-link>
<router-link to="/register"> 注册 </router-link>
</div>
<script>
let login = {template: '<div> 我是登录界面 ->{{$store.state.modLogin.num}}
</div>'}
let register = {template: '<div>我是注册界面 ->{{$store.state.modRegister.num}}
</div>'}
let router = new VueRouter({
routes: [{
path: '/login',
component: login
},{
path: '/register',
component: register
}]
})
let loginModule = {
state: {
num: 1
}
}
let registerModule = {
state: {
num: 2
}
}
```

```
let store = new Vuex.Store({
modules: {
modLogin: loginModule,
modRegister: registerModule
},
})
new Vue({
el:'#app',
router,
store
})
</script>
</body>
</html>
```

7.3 Vuex 的高级使用

7.3.1 plugins 插件

Vuex 可以提供一些 plugins 插件的使用，这个插件可以订阅函数，让该函数在所有的 mutations 结束之后执行。

【实例 7-7】 实现插件的开发，并利用 plugins 在 store 实例中完成对于插件的调用。

（1）定义插件 myPlugin。

（2）利用 store 实例中的 subscribe 函数处理 mutaction。

（3）在 store 实例中使用 myPlugin 插件。

```
<!DOCTYPE html>
<html>
<head>
<meta charset="utf-8" />
<title>demo07</title>
<script src="./js/vue.js"></script>
<script src="./js/vuex.js"></script>
</head>
<body>
<div id="app">
```

```
<p>
{{$store.state.num}}
</p>
</div>
<script>
const myPlugin=store=>{
store.subscribe((mutaction,state)=>{
state.num=2;
console.log(mutaction.type);
console.log(mutaction.payload)
})
}
let store = new Vuex.Store({
state: {
num: 1
},
mutations: {
doPlugin(state){
console.log(state)
}
},
plugins:[myPlugin]
})
new Vue({
el:'#app',
store,
created() {
this.$store.commit('doPlugin','hello myplugin');
}
})
</script>
</body>
</html>
```

7.3.2 Devtools 工具

使用 Devtools 工具可以查看 Vue 组件中 data 里面的变量、methods 里面的函数一些全局对象（如 $refs、$route）、Vuex 里面的变量及变化监听。

【实例 7－8】 Devtools 调试工具的安装及使用。

（1）下载 vue-devtools 工具包：https://github.com/vuejs/vue-devtools，如图 7－3 所示。

（2）安装 vue-devtools 插件。

（3）查看 Vuex 里面的变量及变化监听，如图 7－4 所示。

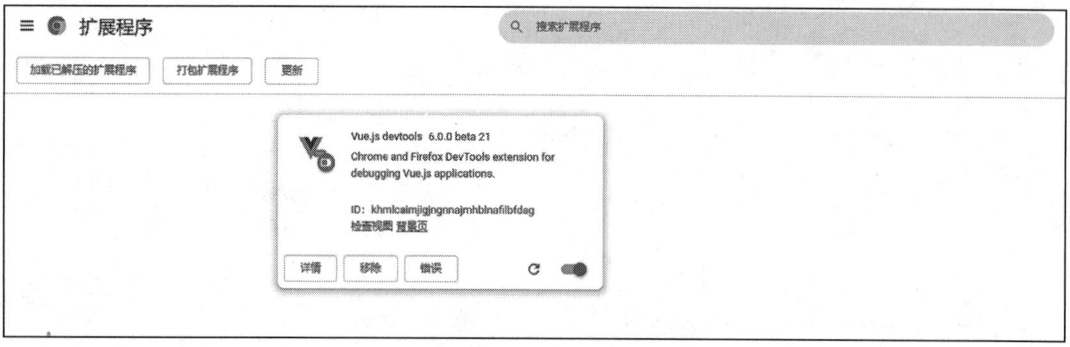

图 7－3　下载 vue-devtools 工具包

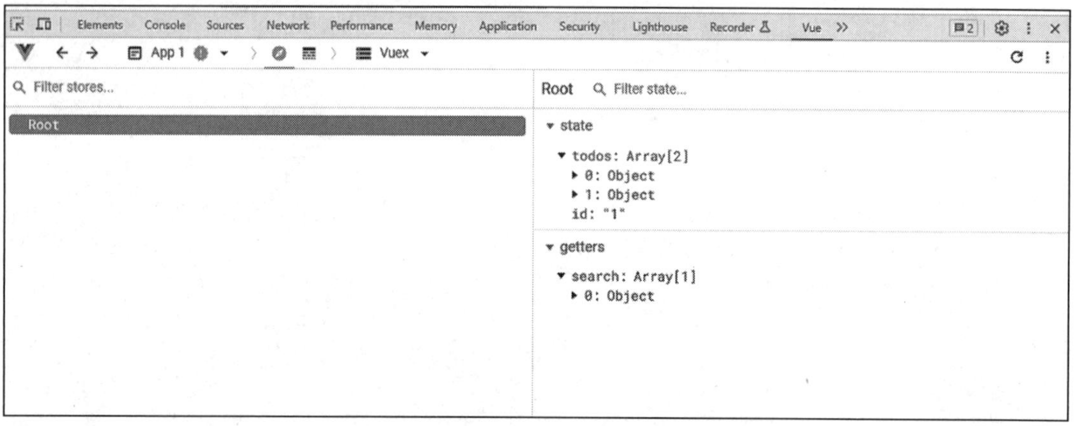

图 7－4　查看 Vuex 里面的变量及变化监听

7.3.3　辅助函数

当一个组件需要获取多个状态时，将这些状态都声明为计算属性会有些重复和冗余。为了解决这个问题，我们可以使用 mapState、mapGetters、mapMutations 和 mapActions 辅助函数来生成计算属性。

【实例 7－9】 mapState 的使用。

（1）定义 Vuex。

（2）使用辅助函数 mapState。

```
<!DOCTYPE html>
<html>
<head>
<meta charset="utf-8" />
<title>demo08</title>
<script src="./js/vue.js"></script>
<script src="./js/vuex.js"></script>
</head>
<body>
```

```
<div id="app">
<p>{{num}}</p>
<p>{{age}}</p>
<p>{{name}}</p>
</div>
<script>
let store = new Vuex.Store({
state: {
num: 100,
age: 10,
name: 'awu'
}
})
new Vue({
el:'#app',
store,
computed:Vuex.mapState(['num', 'age', 'name']),
})
</script>
</body>
</html>
```

【实例 7－10】 mapGetters 的使用。

（1）定义 Vuex。

（2）使用辅助函数 mapGetters。

```
<!DOCTYPE html>
<html>
<head>
<meta charset="utf-8" />
<title>demo08</title>
<script src="./js/vue.js"></script>
<script src="./js/vuex.js"></script>
</head>
<body>
<div id="app">
<p>{{num2}}</p>
<p>{{age2}}</p>
<p>{{name2}}</p>
</div>
<script>
let store = new Vuex.Store({
state: {
num: 100,
```

```
age: 10,
name: 'awu'
},
getters:{
num2(){ return 200 },
age2(){ return 20 },
name2(){ return 'awu2'}
}
})
new Vue({
el:'#app',
store,
computed:Vuex.mapGetters(['num2', 'age2', 'name2']),
})
</script>
</body>
</html>
```

【实例 7－11】mapMutations 的使用。

（1）定义 Vuex。

（2）使用辅助函数 mapMutations。

```
<!DOCTYPE html>
<html>
<head>
<meta charset="utf-8" />
<title>demo10</title>
<script src="./js/vue.js"></script>
<script src="./js/vuex.js"></script>
</head>
<body>
<div id="app">
<p>{{num}}</p>
<button @click="editNum">辅助函数 mapMutations 修改 num 值</button>
</div>
<script>
let store = new Vuex.Store({
state: {
num: 100
},
mutations: {
editNum(state){ state.num = 500 }
}
})
```

```
new Vue({
el:'#app',
store,
computed:Vuex.mapState(['num']),
methods: Vuex.mapMutations(['editNum'])
})
</script>
</body>
</html>
```

【实例 7－12】mapActions 的使用。

（1）定义 Vuex。

（2）使用辅助函数 mapActions。

```
<!DOCTYPE html>
<html>
<head>
<meta charset="utf-8" />
<title>demo11</title>
<script src="./js/vue.js"></script>
<script src="./js/vuex.js"></script>
</head>
<body>
<div id="app">
<p>{{num}}</p>
<button @click="editNumA">辅助函数 mapActions 修改 num 值</button>
</div>
<script>
let store = new Vuex.Store({
state: {
num: 100
},
mutations: {
editNum(state,param){ state.num = param }
},
actions: {
editNumA(context,param){
context.commit('editNum',500)
}
}
})
new Vue({
el:'#app',
store,
```

```
computed:Vuex.mapState(['num']),
methods: Vuex.mapActions(['editNumA'])
})
</script>
</body>
</html>
```

【实例 7－13】使用 Vuex 实现显示和隐藏 tabbar 的切换。

（1）定义 Vuex。

（2）在 store 中定义 state，并在 state 中定义状态 isTabbarShow。

（3）在 mutations 中对 isTabbarShow 的值进行更改，从而实现对 tabbar 显示和隐藏的切换。

```
<!DOCTYPE html>
<html>
<head>
<meta charset="utf-8" />
<title>demo12</title>
<script src="./js/vue.js"></script>
<script src="./js/vue-router.js"></script>
<script src="./js/vuex.js"></script>
</head>
<body>
<div id="app">
<router-view></router-view>
<div v-show="$store.state.isTabbarShow">
<router-link to="/login"> 登录 </router-link>
<router-link to="/register"> 注册 </router-link>
</div>
</div>
<script>
let login = {template: '<div> 我是登录界面 </div>'}
let register = {
template: '<div> 我是注册界面 </div>',
mounted() {
this.$store.commit("ChangeTabbarMutation", false);
},
destroyed() {
this.$store.commit("ChangeTabbarMutation", true);
}
}
let router = new VueRouter({
routes: [{
```

```
path: '/login',
component: login
},{
path: '/register',
component: register
}]
})
let store = new Vuex.Store({
state: {
isTabbarShow: true
},
mutations: {
ChangeTabbarMutation(state, payload) {
state.isTabbarShow = payload;
}
}
})
new Vue({
el:'#app',
router,
store
})
</script>
</body>
</html>
```

项目小结

本项目主要讲解了什么是 Vuex 组件状态管理系统、Vuex 的基本特性和 store 实例方法的使用。读者应重点掌握 Vuex 中 mutations 状态提交和 actions 状态分发完成组件状态变化是如何实现的，在进行大型项目开发时，如何通过模块化的方式进行开发。

习　题

一、填空题

1. Vuex 是作为 Vue 的________来使用的。
2. 在 Vue 中，组件的状态变化是通过________设计理念实现的。
3. Vuex 中，actions 选项用来定义事件处理方法，处理________数据。
4. store 实例允许定义________计算属性，类似于 Vue 实例的 computed。

二、选择题

1. 下列关于 Vuex 核心模块的说法，错误的是（　　）。
   A. Vuex 配置对象中，actions 选项是异步的
   B. Vuex.config 对象是全局配置对象
   C. Vuex 配置对象中，mutations 选项是同步的
   D. 通过 commit 完成 mutations 提交
2. 下列不属于 Vuex.Store 配置对象接收参数的是（　　）。
   A. data　　B. state　　C. mutations　　D. getters
3. Vuex 实例对象中类似于 computed 计算属性功能的选项是（　　）。
   A. state　　B. mutations　　C. actions　　D. getters
4. 下列关于 Vuex 中的 actions 的说法，不正确的是（　　）。
   A. actions 中事件函数通过 commit 完成分发
   B. actions 中事件处理函数接收 context 对象
   C. actions 与 Vue 实例中的 methods 是类似的
   D. 可以用来注入自定义选项的处理逻辑

三、简答题

1. 请简要分析 Vuex 的单向数据流机制。
2. 简述 Vuex 配置对象中的主要内容有哪些。
3. 简述 Vuex 中的 mutations 的作用。

四、实操题

请编程实现完整的 actions 和 mutations 数据更新过程。

项目 8 Vue 动画

在项目开发中，使用过渡和动画能提高用户体验和页面的交互性、影响用户的行为、引导用户的注意力及帮助用户看到自己动作的反馈。本项目将结合案例讲解如何在 Vue 项目中实现过渡和动画。

知识目标 1

- 了解 CSS 中实现过渡的基本原理
- 掌握 transition 组件的使用
- 了解 CSS 中 animation 的实现原理
- 掌握 animation 关键帧的使用
- 掌握 Vue 中 animation 的实现
- 掌握 Vue 中 JavaScript 钩子的使用

能力目标 2

- 具备在 Vue 项目中使用 transition 组件实现过渡的能力
- 具备 Vue 中实现 animation 的能力
- 具备使用 JavaScript 钩子实现过渡和动画的能力

素养目标 3

- 培养在项目开发中的大局观和系统观
- 培养在项目开发中的团结协作精神

8.1 CSS 过渡

8.1.1 CSS 过渡的基础知识

此处可参看视频：

8-1 CSS 过渡的基础知识

1. CSS transition 的概念

CSS transition 提供了一种在更改 CSS 属性时控制动画速度的方法。它可以让属性变化成为一个持续一段时间的过程，而不是立即生效的。比如，将一个元素的颜色从白色改为黑色，通常这个改变是立即生效的，使用 CSS transition 后，该元素的颜色将逐渐从白色变为黑色，按照一定的曲线速率变化。这个过程可以自定义，通常将两个状态之间的过渡称为隐式过渡，因为开始与结束之间的状态由浏览器决定。

2. CSS transition 的使用

CSS transition 可以决定哪些属性发生动画效果（明确列出这些属性），何时开始（设置 delay），持续多久（设置 duration），以及如何动画（定义 timing-funtion，如匀速或先快后慢）。

CSS 过渡用简写属性 transition 定义是最好的方式，形式如下：

```
div {
transition:<property> <duration> <timing-function> <delay>;
}
```

3. CSS transition 属性说明

property 指定哪个或哪些 CSS 属性用于过渡。只有指定的属性才会在过渡中发生动画，其他属性仍如通常那样瞬间变化，all 则为全部属性。duration 指定过渡的时长，可以为所有属性指定一个值，或者指定多个值，即为每个属性指定不同的时长。timing-function 指定一个函数，定义属性值如何变化，常用 linear、ease 等。delay 指定延迟，即属性开始变化与过渡开始发生之间的时长。下面是简写和非简写的例子：

```
.short-for-transition {
transition:margin-left 4s ease 2s;
}// 简写
.transition-detail {
transition-property:margin-left;
transition-duration:4s;
transition-timing-function:ease;
transition-delay:2s;
}// 非简写
```

8.1.2 实现拉伸长方体

【实例 8－1】运用 transition、transform 属性实现过渡及变形效果。

（1）创建一个标准 HTML 模板。

（2）定义一个 <div>，编写初始样式类 init_class。

（3）编写过渡类 active_class。

（4）通过 JS 事件绑定动态和 CSS 改变 CSS 样式实现 <div> 的过渡，达到拉伸长方体的效果。

```
<!DOCTYPE html>
<html>
<head>
<meta charset="utf-8" />
<title>demo01</title>
<script src="./js/vue.js"></script>
<style type="text/css">
.init_class {
width: 100px;
height: 100px;
background: red;
transition: width 2s;
}
.active_class {
width: 300px;
height: 100px;
background: red;
transition: width 2s;
}
</style>
</head>
<body>
<h1>css 实现过渡效果 </h1>
<div class="init_class" id="el" onmousedown="tran_enter()" onmouseup=
"tran_leave()"></div>
<script>
function tran_enter(){
document.getElementById("el").setAttribute("class","active_class")
}
function tran_leave(){
document.getElementById("el").setAttribute("class","init_class")
}
</script>
</body>
</html>
```

8.2 transition 组件使用

8.2.1 transition 组件的基础知识

此处可参看视频：

8-2 transition 组件的基础知识

Vue 提供了 transition 的封装组件，可以给元素和组件添加 entering/leaving 过渡。在下列条件下可以使用 transition：

- 条件渲染（使用 v-if）；
- 条件展示（使用 v-show）；
- 动态组件。

transition 的封装组件，主要是结合组件生命周期，在一些特殊逻辑（如 v-if、v-show、v-for）里增加钩子，来触发动画的实现。我们知道，Vue 里面实现动画过渡有 CSS 和 JavaScript 两种，而这两种又是可以结合的。

```
<!--transition 的使用 -->
<div id="demo">
<button v-on:click="show != show">
Toggle
</button>
<transition name="fade">
<p v-if="show" >hello</p>
</transition>
</div>
/* 简单的 CSS 动画 transition 实现 */
.fade-enter-active,
.fade-leave-active {
transition:opacity 0.5s;
}
.fade-enter,.fade-leave-to {
opacity:0;
}
```

这里使用的是 CSS transition 方式来实现动画过渡的，可以看看在切换 v-if 的时候发生了什么：

（1）v-if 绑定值的变更，导致插入或删除包含在 transition 组件中的元素。

（2）自动嗅探目标元素是否应用了 CSS 过渡或动画。这里的确使用了 CSS 过渡，于是会在添加元素时添加 CSS 类名，并判断动画加载完之后删除 CSS 类名。

（3）如果过渡组件提供了 JavaScript 钩子函数，这些钩子函数将在恰当的时机被调用（这里由于没有使用到，故不会执行）。

（4）如果没有找到 JavaScript 钩子函数并且也没有检测到 CSS 过渡或动画，DOM 操作（插入 / 删除）在下一帧中立即执行（当然在上述代码中，这一步也不会生效）。

我们可以获得以下信息：

（1）可以使用 requestAnimationFrame 来请求浏览器在下一次重绘之前调用指定的函数来更新动画。

（2）当 CSS transition 结束时，会触发 transitionend 事件。

（3）transition 组件关注子元素是否展示，包括使用 v-if、v-else、v-for 等指令绑定数据生成的元素。

（4）当元素状态变更（display -> none 或 none -> display）时，预埋的钩子检测是否使用了 CSS 过渡。

若使用了 CSS 过渡，则分两种情况进行讨论。

1）进入过渡。

①可在元素插入完成后（mounted），给元素添加对应的 v-enter 和 v-enter-active 类名，此时元素开始动画过渡。

②通过 requestAnimationFrame 来指定下一帧绘制前，给元素添加 v-enter-to 类名，同时移除 v-enter 类名。

③设置动画结束时间，或者通过 transitionend 事件监听，在过渡结束后，移除 v-enter-to 和 v-enter-active 类名。

2）离开过渡。

①当元素删除前（beforeDestroy），给元素添加对应的 v-leave 和 v-leave-active 类名，此时元素开始动画过渡。

②通过 requestAnimationFrame 来指定下一帧绘制前，给元素添加 v-leave-to 类名，同时移除 v-leave 类名。

③设置动画结束时间，或者通过 transitionend 事件监听，在过渡结束后，移除 v-leave-to 和 v-leave-active 类名，同时执行元素删除操作。

8.2.2 Vue 实现过渡效果

【实例 8－2】运用 v-if 或者 v-show 指令实现组件切换的方法。

使用 Vue 实现 hello 文字的动态过渡效果。

```
<!DOCTYPE html>
<html>
<head>
<meta charset="utf-8" />
<title>demo02</title>
<script src="./js/vue.js"></script>
<style type="text/css">
/* 简单的 CSS 动画 transition 实现 */
.fade-enter-active,
.fade-leave-active {
```

```
transition:opacity 0.5s;
}
.fade-enter,.fade-leave-to {
opacity:0;
}
.fade-enter-to,.fade-leave {
opacity:1;
}
</style>
</head>
<body>
<div id="app">
<button @click="show = !show">
/* 切换 */
</button>
<transition name="fade">
<p v-if="show">hello</p>
</transition>
</div>
<script>
let vm=new Vue({
el:'#app',
data:{
show:true
}
})
</script>
</body>
</html>
```

8.3 CSS animation

使用 CSS animation 可以实现从一个 CSS 样式配置转换到另一个 CSS 样式配置。动画包括两个部分：描述动画的样式规则和用于指定动画开始、结束及中间点样式的关键帧。

创建动画序列，需要使用 animation 属性或其子属性，该属性允许配置动画时间、时长及其他动画细节。和 transition 不一样的是，该属性不能配置动画的实际表现，动画的实际表现是由 @keyframes 关键帧动画实现的。

同样地，CSS animation 属性也是一个简写属性形式：

```
animation: <name> <duration><timing-function><delay><iteration-count>
<direction> <fill-mode>< play-state>
```

animation 中的不同属性可以设定动画不同的表现。其中，name 指定要绑定到选择器的关键帧的名称；duration 设置动画指定需要多少秒或毫秒完成；timing-function 设置动画将如何完成一个周期；delay 设置动画在启动前的延迟间隔；iteration-count 定义动画的播放次数；direction 指定是否应该轮流反向播放动画；fill-mode 规定当动画不播放时（当动画完成时，或当动画有一个延迟未开始播放时），要应用到元素的样式；play-state 指定动画是否正在运行或已暂停。当然，在实际开发场景下，并非所有的属性都是必需的，我们可以按照自己的需求进行选择。例如，下面是三种常用的 animation 使用形式：

```
animation:3s ease-in 1s 2 reverse both paused slidein;
animation:3s linear 1s slidein;
animation:3s slidein;
```

8.4 关键帧动画

8.4.1 CSS animation 关键帧动画基础

此处可参看视频：

8-3 关键帧动画

一旦完成动画的时间设置，接下来就需要定义动画的表现。通过使用 @keyframes 建立两个或两个以上关键帧来实现。每个关键帧都描述了动画元素在给定的时间点上应该如何渲染。

因为动画的时间设置是通过 CSS 样式定义的，关键帧使用百分比来指定动画发生的时间点。0% 表示动画的第一时刻，100% 表示动画的最终时刻。当然，也可包含额外可选的关键帧，描述动画开始和结束之间的状态，如 20%、40%、60% 等。

在每个关键帧当中，可以用一个或者多个属性来描述当前的状态。例如，仅用一个属性进行描述：

```
@keyframes ani{
0% {margin-left:0;}
50% {margin-left:30%;}
100% {margin-left:100%;
}
```

或者可以利用多个属性进行描述：

```
@keyframes ani
{
0%   {background: red; left:0px; top:0px;}
25%  {background: yellow; left:200px; top:0px;}
50%  {background: blue; left:200px; top:200px;}
75%  {background: green; left:0px; top:200px;}
100% {background: red; left:0px; top:0px;}
}
```

8.4.2 CSS3 实现动画效果

【实例 8－3】理解掌握 CSS animation 的使用。

（1）创建一个基本的 Vue 项目，完成实例的定义。

（2）创建 <transition> 标签，并在标签中内置一个 <div> 用来实现动画效果。

（3）利用 @keyframes 完成关键帧动画 slidein 的编写。

（4）利用 animation 实现动画效果。

```
<!DOCTYPE html>
<html>
<head>
<meta charset="utf-8" />
<title>demo03</title>
<script src="./js/vue.js"></script>
<style type="text/css">
div {
width: 100px;
height: 100px;
background-color: red;
/*单向循环duration | timing-function | delay | iteration-count | play-state |
name */
animation: 3s linear 1s infinite running slidein;
/*往返循环duration | timing-function | delay | iteration-count | animation-
direction | name */
/* animation: 3s linear 1s infinite alternate slidein; */
}
@keyframes slidein {
0% { margin-left: 0; }
50% { margin-left: 30%; }
100% { margin-left:100%; }
}
</style>
</head>
<body>
```

```
<h1>CSS 实现动画效果 </h1>
<div></div>
</body>
</html>
```

8.5 Vue animation

8.5.1 Vue animation 的基础知识

此处可参看视频：

8－4 Vue animation

CSS 动画的用法同 CSS 过渡类似，区别是在动画中 v-enter 类名在节点插入 DOM 后不会立即删除，而是在 animationend 事件触发时删除。

Vue 为了知道过渡的完成，必须设置相应的事件监听器。它可以是 transitionend 或 animationend，这取决于给元素应用的 CSS 规则。如果使用其中任何一种，Vue 都能自动识别类型并设置监听。

例如，利用 animation 实现一个简单的缩放效果：

```
.bounce-enter-active{
animation: bounce-in .5s;
}
.bounce-leave-active{
animation: bounce-in .5s reverse;
}
@keyframes bounce-in {
0%{
transform: scale(0);
}
50%{
transform: scale(1.5);
}
100%{
transform: scale(1);
}
}
```

在使用的过程中与实现过渡类似，也需要使用 Vue 中内置的 transition 组件来配合实现动画效果。

8.5.2 Vue animation 动画效果

【实例 8－4】理解 Vue 中 animation 的使用。

（1）创建一个基本的 Vue 项目。

（2）在实例中定义一个变量 show，通过改变变量 show 的值切换 <div> 的显示和隐藏。

（3）编写关键帧动画 slidein，编写过渡类 slide-enter-active 和 slide-leave-active。

（4）利用 transition 组件完成过渡效果。

```
<!DOCTYPE html>
<html>
<head>
<meta charset="utf-8" />
<title>demo04</title>
<script src="./js/vue.js"></script>
<style type="text/css">
.slide-enter-active {
animation: 3s linear reverse slidein;
}
.slide-leave-active {
animation: 3s linear running slidein;
}
@keyframes slidein {
0% { margin-left: 0 }
50% { margin-left: 30%; }
100% { margin-left:100% }
}
.box {
width: 100px;
height: 100px;
background: red;
}
</style>
</head>
<body>
<div id="app">
<button @click="show = !show">切换</button>
<transition name="slide">
<div class="box" v-if="show"></div>
</transition>
</div>
<script>
let vm=new Vue({
el:'#app',
```

```
data:{
show:true
}
})
</script>
</body>
</html>
```

8.6 JavaScript 钩子

除了 CSS 过渡和动画，在 Vue 中还可以使用 JavaScript 钩子的方式来实现动画效果。

钩子函数是定义在 <transition> 标签中的，通常我们将常用的钩子函数分为入场钩子和出场钩子。入场钩子主要描述元素进入时的过渡效果，出场钩子主要描述元素消失时的过渡效果。比如，下面代码在 <transition> 标签中定义了 8 个钩子函数。其中，入场钩子分别是 before-enter（入场前）、enter（入场）、after-enter（入场后）和 enter-cancelled（取消入场），出场钩子分别是 before-leave（出场前）、leave（出场）、after-leave（出场后）和 leave-cancelled（取消出场）。

```
<transition
@before-enter="beforeEnter"
@enter="enter"
@after-enter="afterEnter"
@enter-cancelled="enterCancelled"
@before-leave="beforeLeave"
@leave="leave"
@after-leave="afterLeave"
@leave-cancelled="leaveCancelled"
/>
<!- ... ->
</transition>
methods:{
beforeEnter:function(el){ ... },
enter:function(el,done){
done()
},
afterEnter:function(el){ ... },
enterCancelled:function(el) { ... },
beforeLeave:function(el){ ... },
```

```
}
```

我们利用钩子函数结合 jQuery 可实现一个简单的过渡效果。

【实例 8－5】理解 Vue 中钩子函数的使用。

（1）创建一个基本的 Vue 项目。

（2）在实例中定义一个变量 show，通过改变变量 show 的值切换文字段落的显示和隐藏。

（3）定义入场钩子 enter 和出场钩子 leave。

（4）在实例中定义好相应的函数完成绑定，并在函数中利用 jQuery 中的函数实现过渡效果。

```
<!DOCTYPE html>
<html>
<head>
<meta charset="utf-8" />
<title>demo05</title>
<script src="./js/vue.js"></script>
<script src="js/jquery.js"></script>
<style type="text/css">
.slide-enter-active {
animation: 3s linear reverse slidein;
}
.slide-leave-active {
animation: 3s linear running slidein;
}
@keyframes slidein {
0% { margin-left: 0 }
50% { margin-left: 30%; }
100% { margin-left:100% }
}
.box {
width: 100px;
height: 100px;
background: red;
}
</style>
</head>
<body>
<div id="app">
<button @click="show = !show"> 切换 </button>
<transition appear @enter="enter" @leave="leave" v-bind:css="false">
<p v-if="show">
Demo
```

```
</p>
</transition>
</div>
<script>
let vm=new Vue({
el:'#app',
data:{
show:true
},
methods:{
enter:(el,done) => {
$(el).css("opacity",0)
.animate({opacity:1,fontSize:"100px"},200,done)
},
leave:(el,done) => {
$(el).animate({opacity:0,fontSize:"0px"},200,done)
}
}
})
</script>
</body>
</html>
```

Vue 动画提供了一个初始渲染的开关，指的是第一次展示（不是第一次切换）的时候是否需要动画效果。具体可以看看上面的例子，当把 show 的默认值设置为 true 时，初次展示并不会加载进入动画；但是当在 transition 组件中添加 appear 属性时，则在初次展示时会加载进入动画。

由于仅使用 JavaScript 进行过渡，我们在 <transition> 标签中加入了 v-bind:css="false"，表示跳过 CSS 检测，避免过渡效果受到 CSS 的影响。

项目小结

本项目讲解了如何使用 Vue 的过渡和动画来实现想要的效果，内容包括 transition 组件的使用、内置的 CSS 类名、自定义类名、CSS animation，以及在过渡钩子函数中使用 JavaScript 进行操作。

习 题

一、填空题

1. ________提供了一种在更改 CSS 属性时控制动画速度的方法。

2. Vue 提供了________的封装组件，可以给元素和组件添加过渡效果。
3. 在 Vue 过渡钩子函数中，入场钩子是________。

二、选择题

1. 下列关于多个元素过渡的说法，错误的是（　　）。
   A. 当有相同标签名的元素切换时，需要通过 key 特性设置唯一的值来标记，以让 Vue 区分它们
   B. 不同元素之间可以使用 v-if 和 v-else 指令来进行过渡
   C. transition 组件的默认行为指定进入和离开同时发生
   D. 不可以给同一个元素的 key 特性设置不同的状态来代替 v-if 和 v-else 指令
2. 下列关于 Vue 为 <transition> 标签提供的过渡类名的说法，错误的是（　　）。
   A. v-enter 在元素被插入之前生效，在元素被插入之后的下一帧移除
   B. v-leave 在离开过渡被触发时立刻生效，下一帧被移除
   C. v-enter-active 可以控制进入过渡的不同的缓和曲线
   D. 如果 name 属性为 my-name，那么 my- 就是在过渡中切换的类名的前缀

三、简答题

请列举 Vue 中常用的过渡钩子函数有哪些。

四、实操题

编写一个页面，通过切换控制变量 show 的值实现 <div> 的显示和隐藏切换。

项目 9 移动商城实战项目

在上一个项目中，读者学习了如何在 Vue 项目中实现过渡和动画。本项目将学习移动商城项目实战。通过构建一个具有现代化界面和交互功能的移动商城应用，我们将深入理解 Vue.js 及其相关技术栈在实际项目中的应用。本项目将涵盖商品浏览、搜索、购物车及订单管理等核心电商功能，帮助读者将理论知识与实践相结合，提升前端开发能力。

知识目标 1

- 掌握移动商城项目的整体架构和功能模块划分
- 熟悉 Vue.js、vue-router、Vuex、Ant Design Vue 等技术栈在项目中的应用
- 理解并实践使用 Vue CLI 进行项目创建和配置的方法
- 掌握底部导航栏、顶部工具栏等关键组件的实现方式
- 学会使用 Vuex 进行状态管理，实现数据在组件间的共享

能力目标 2

- 具备使用 Vue.js 及其相关技术栈进行项目开发的实战能力，能够独立完成前端项目从搭建到部署的全过程
- 掌握移动商城核心功能模块的开发技巧，具备解决实际问题的能力
- 能够运用所学知识对项目进行性能优化，提升用户体验

素养目标 3

- 培养良好的团队协作精神和沟通能力，理解在多人协作开发中版本控制的重要性
- 提高项目管理能力，能够合理安排开发计划，有效控制项目进度
- 增强持续学习和自我提升的意识，关注前端技术发展趋势，不断更新知识体系

9.1 项目概述

9.1.1 项目介绍

此处可参看视频：

9－1 项目概述

在本项目中，我们将构建一个移动商城应用，该应用将展示如何使用 Vue.js 及其相关技术栈来实现一个具有现代化界面和交互功能的前端项目。我们将从项目的基础搭建开始，逐步实现商品浏览、搜索、购物车及订单管理等核心电商功能。

移动商城页面结构图如图 9－1 所示。

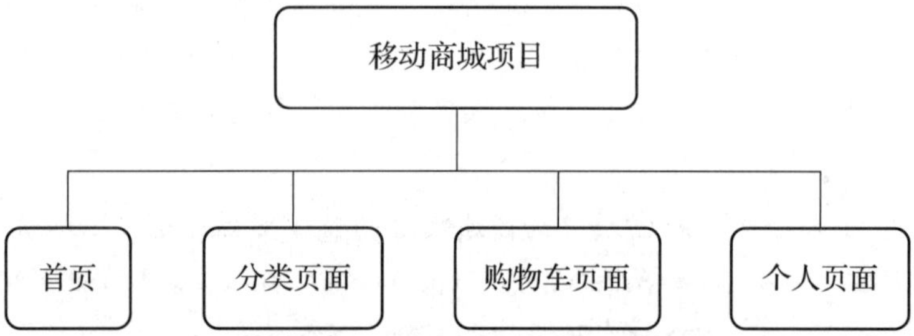

图 9－1 移动商城页面结构图

9.1.2 技术选型

此处可参看视频：

9－2 技术方案和流程

为了本项目的顺利进行，我们选择了以下技术栈：

（1）Vue.js：作为前端框架，提供了响应式数据绑定和组合的视图组件。

（2）vue-route：Vue.js 的官方路由管理器，用于构建单页面应用中的页面路由。

（3）Vuex：Vue.js 的状态管理模式，用于在组件之间共享数据。

（4）Ant Design Vue：基于 Ant Design 的 Vue.js 实现，提供了一套企业级的 UI 组件。

（5）ES6：JavaScript 的新版本，提供了更简洁的语法和强大的新特性。

（6）NPM：作为包管理工具，简化了项目的依赖管理和开发流程。

通过这些技术，我们可以高效地开发出功能完善的移动商城应用。

9.2 项目实施

9.2.1 项目创建和配置

在开始项目之前，首先需要创建一个新的 Vue 项目。这可以通过 Vue CLI 来完成，它是一个基于命令行的工具，能够为我们自动生成项目的基础结构和文件。

此处可参看视频：

9-3 项目创建和配置

1. 安装 Vue CLI

打开终端，使用 npm 或 yarn 命令来全局安装 Vue CLI。安装命令如下：

```
npm install -g @vue/cli
# OR
yarn global add @vue/cli
```

2. 创建项目

在终端中，切换到想要存放项目的目录，然后运行以下命令来创建一个新的 Vue 项目：

```
vue create mini-shop
```

在创建过程中，选择手动配置选项，以便自定义项目设置。

3. 配置项目

创建完成后，使用 IDE 打开项目。在项目根目录中创建 vue.config.js 文件，并添加 publicPath 配置，以确保资源正确加载。

9.2.2 制作底部导航栏

底部导航栏是移动应用的重要组成部分，它允许用户快速切换到应用的不同页面。

（1）在 components 中创建 tabbar 文件夹。

（2）在 tabbar 文件夹中创建 TabBar.vue 底部导航栏组件。

（3）在 App.vue 组件中引用 TarBar.vue, 并在 VS Code 终端中输入 npm run serve 命令，启动项目查看效果。

（4）创建底部导航栏中的导航卡片，在 components/tabbar 文件夹中创建 TabBarItem.vue 组件，并将 TabBarItem.vue 组件当成 TabBar 插槽，放置在 TabBar 组件中。底部导航栏效果如图 9－2 所示。

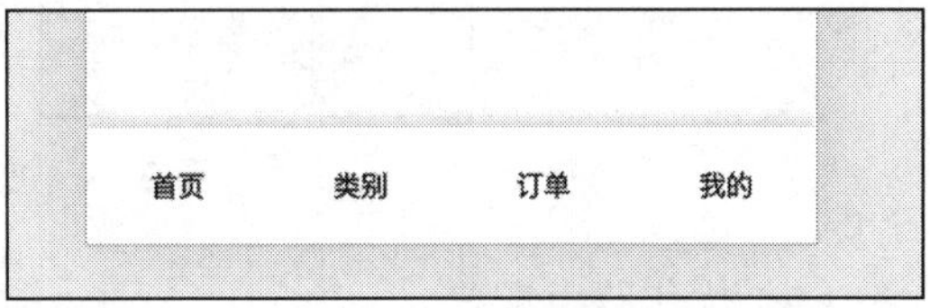

图 9－2　底部导航栏效果

（5）引用 IconFont 的 icon 字体。

访问 https://www.iconfont.cn/，并注册用户。利用网站搜索功能，搜索 4 个适合底部选项卡的 icon 图标，单击图标上购物车按钮或者单击网站右上角购物车按钮，在右侧弹出的面板中单击“下载代码”按钮。将下载后的压缩包解压到项目中的 assets/icon 文件中。

（6）完善底部导航栏。

使用命名插槽将 iconfont 传入组件中，引入字体后的底部导航栏效果如图 9－3 所示。

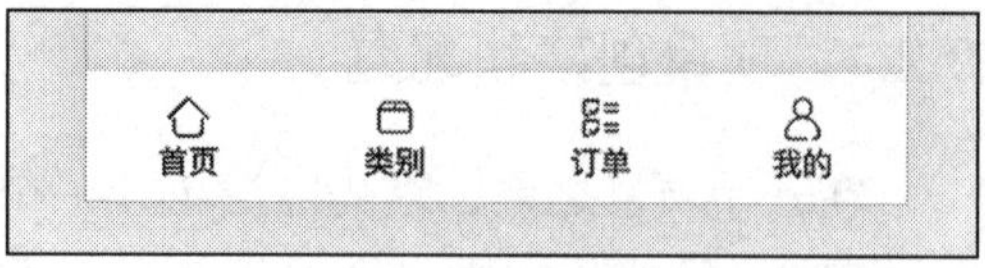

图 9－3　引入字体后的底部导航栏效果

（7）底部导航栏加入路由功能。

分别创建 4 个选项卡页面，在 components/pages 目录中创建 tabs 文件夹，在 components/pages/tabs 目录中创建 Home.vue、Category.vue、Order.vue、Account.vue 4 个文件。

创建路由的配置文件，在 src 目录中创建 router 文件夹，在 src/router 目录中创建 index.js 文件，用 vue-router 配置 router 内容。

将 /router/index.js 导入 main.js 入口文件中，在 App.vue 中用 vue-router 的标签声明路由。

（8）底部导航栏增加事件绑定。

修改 compons/tabbar/TabBarItem.vue 文件，增加单击的绑定事件，通过当前 $route 路径判断是否需要将本选项设置为激活样式。

修改 App.vue 文件，在每个 tab-bar-item 组件上增加 path 属性，增加的 path 属性应对应 router 的配置策略。

底部导航页效果如图 9－4 所示。

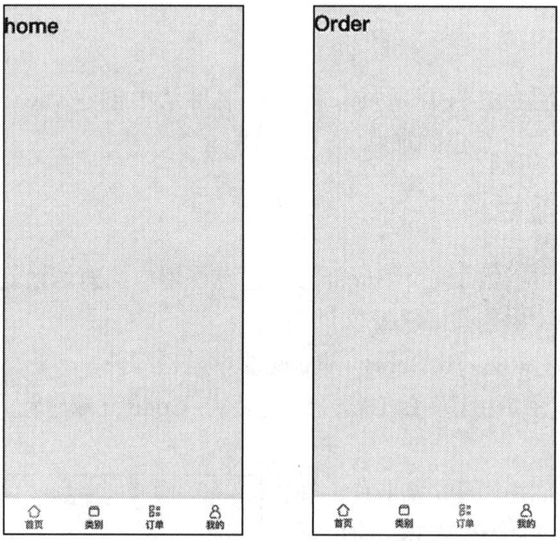

图 9－4　底部导航页效果

（9）优化路由配置。

将路由配置文件改造为支持二级路由，在 src/components/pages 目录中创建 Main.vue

文件，将 App.vue 内容移至 Main.vue 中，同时修改 App.vue 增加一级路由声明，那么 Main.vue 自动降为二级路由。

将路由配置文件改造为支持二级路由，修改 router/index.js 路由配置文件，增加二级路由内容，二级路由的另一个目的是当页面进入二级页面时，页面会自动隐藏底部导航栏。

```
import Vue from 'vue' ;
import VueRouter from 'vue-router' ;
import Main from "@/ components/pages/Main"
import Home from "@/ components/pages/tabs/Home"
import Category from "@/components/pages/tabs/Category"
import Order from "@/components/pages/tabs/Order"
import Account from "@/components/pages/tabs/Account"
Vue.use(VueRouter)
const routes = [
  {path: '/' , redirect : path:" /main/home"},
  {path: "/main' , component :Main, children: [
    (path: 'home' , component : Home} ,
    {path: 'category' , component : Categorys},
    {path: 'order' , component : Order},
    {path: 'account', component :Account},
  ]}
]
```

（10）项目导入 ant-design-vue UI 库。

在 VS Code 编辑器的终端窗口执行安装命令：

```
npm install ant-design-vue --save
```

（11）在 src 路径下创建 antd 文件夹及 index.js 文件。

如果引入了 antd 下所有的模块，这会影响应用的网络性能。所以可以通过按需加载组件方式进行引用，图片中的代码是常用的样式组件。

以上代码便完成了 antd 的引入。需要注意的是，样式文件需要单独引入。我们已经将样式文件在 src/antd/index.js 配置文件中引用了，然后将 andt/index.js 引入 main.js 入口文件中。

9.2.3 制作顶部工具栏

1. 制作顶部工具组件

需要制作一个显示在页面顶部的公用组件，组件显示在一级页面时，具有标题显示或者搜索入口的功能；组件显示在非一级页面时，具有返回上一页功能，以及标题显示或者搜索入口的功能。组件应分为左、中、右三个部分显示，可以使用命名插槽实现按需显示不同内容。

步骤：在 components 路径下创建 topbar 文件夹，在 components/topbar 目录中创建 Tabbar.vue 组件，在组件中使用 antd 输入框组件，在组件中使用命名插槽，增加默认命名插槽中的事件绑定。

顶部工具栏效果如图 9－5 所示。

图 9－5 顶部工具栏效果

2. 顶部工具栏添加购物车按钮

在 home 页面使用命名插槽添加购物车按钮，使用 iconfont 显示购物车图标。

9.2.4 实现搜索功能

一般软件首页顶部的搜索输入框并不是真的输入框，而是绑定跳转事件的按钮。单击首页顶部搜索框后，页面跳转到二级搜索入口页面。在搜索入口页面顶部工具栏中，搜索框是可以编辑内容的。顶部工具栏最右侧有搜索按钮，搜索入口页面应实现展示搜索历史功能，单击二级搜索入口页面的搜索按钮，页面跳转到三级搜索结果页面。二级页面跳转到三级页面应支持带参数跳转路由，顶部导航栏组件应支持父组件向子组件传递参数，顶部导航栏组件应支持子组件触发父组件方法。

1. 实现由顶部工具栏输入框跳转到二级搜索入口页面

在 src/components 目录中创建 Search.vue 页面，使用命名插槽实现左边返回按钮和右边搜索按钮，增加返回按钮的事件绑定，增加搜索按钮的事件绑定（暂时只做打印输出不做跳转），修改 router/index.js 配置文件，增加 Search 搜索入口页面路由。

在 home 页面 topbar 顶部工具栏中绑定跳转二级页面方法 focusFunc，修改 topbar/TopBar.vue 组件，增加 props 属性 focusFunc。

2. 实现二级搜索入口页面跳转到搜索结果页面

通过子组件触发父组件方法的方式，实现搜索入口页面修改搜索框内的值，修改 TopBar 组件，增加子传父事件。

实现 Search.vue 页面搜索按钮事件方法，判断如果不输入内容则通过 antd 的通知组件（$message）提示用户输入搜索内容，如果输入框内有内容，则将内容作为参数进行页面跳转。

实现 SearchResult.vue 页面接收路由参数方法，在 SearchResult 页面中声明 searchInput 变量。用 Vue 生命周期钩子函数 created，接收上一页面传来的值，将传来的参数赋值给 searchInput，同时将该值显示在页面上，并且将 searchInput 的值显示在顶部搜索栏中。

搜索栏效果如图 9－6、图 9－7 所示。

图 9-6　搜索入口页面

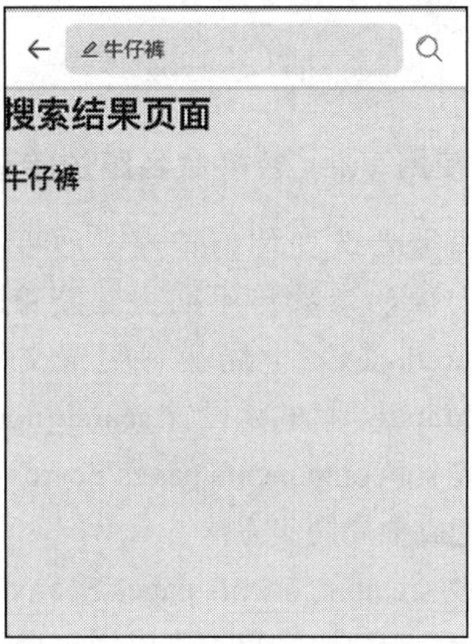

图 9-7　搜索结果页面

9.2.5　安装 Vuex

1. 输入 Vuex 安装命令

在 VS Code 中打开终端，并在终端窗口中输入 Vuex 安装命令：

```
npm install --save vuex
```

执行完命令后，查看 package.json 文件是否有 Vuex 内容。

2. 在项目中引入 Vuex

在 src 目录中创建 store 文件夹，在 src/store 路径下创建 index.js 配置文件，并将 Vuex 导入 main.js 入口文件中。

```
/*
全局变量控制
优点：一旦在 state 这个属性里声明，那么这个属性就能在整个项目里任何地方 (*.vue) 使用
注意：一旦页面刷新、关闭浏览器，甚至关机，那么在 state 里声明属性的值就清空了
*/
import Vue from 'vue';
import Vuex from 'vuex';
Vue.use(Vuex)
const store = new Vuex.Store({
   state:{
   },
   //同步修改
   mutations:{},
   //异步修改
   actions:{}
```

```
})
export default store
```

3. 使用 Vuex 替换命名路由传参

这里需要改变传值策略，改变原因是用命名路由会导致三级页面及更深层页面返回时，原始参数传不回去。新策略是使用 Vuex 全局变量进行页面之间的传递，修改 src/store/index.js 全局状态配置文件，声明全局变量 searchInput，增加全局同步方法 setSearchInput，目的是设置 searchInput 的值。

修改 src/components/pages/Search.vue 页面中搜索绑定事件，替换原先命名路由传参方式，改变成全局同步方法。

修改 src/components/pages/SearchResult.vue 页面中接收参数方式，替换原先通过 $route.params 获取参数，改成用全局变量方式获取。

9.2.6 本地缓存 localStorage 实现历史搜索功能

要实现历史搜索功能需要使用本地缓存 localStorage。

（1）首先在 src 路径下创建 kits 公用工具文件夹，然后创建 src/kits/localStorage.js 文件。

实现本地缓存公用方法。实现 getArray 方法，根据 key 获取本地缓存并转成数组对象。实现 setArray 方法，将新值 push 到数组对象后，再转成字符串格式设置到本地缓存中。实现 clearItem 方法，按 key 值清除该 key 值的内容。localStorage.js 代码如下：

```
/*
本地缓存
优点：除非手动或者浏览器设置里清空缓存被激活，否则一直存在
注意：① loccalStorage 本身支持字符串
      ② 本身不支持双向绑定
*/
//loccalStorage 本身支持字符串
// 封装的目的：为了可替换
export const getArray = (key)=>{
    let val = localStorage.getItem(key)
    return val === null ? [] : val.split(',')
}
export const setArray = (key,val)=>{
    let arr = getArray(key)
    if (arr.indexOf(val) < 0) {
        arr.push(val)
        localStorage.setItem(key,arr.toString())
    }
}
export const clearItem = (key)=>{
```

```
    localStorage.removeItem(key)
}
```

（2）在 components/pages/Search.vue 页面增加本地缓存的功能。

需要导入 kits/localStorage.js 文件，设置 historySearch 变量，并通过 kits/localStorage.js 中的 getArray 方法赋值，单击搜索按钮时，通过 kits/localStorage.js 中的 setArray 方法进行赋值。

Search.vue 代码如下：

```
<script>
import TopBar from '@/components/topbar/TopBar'
import {getCacheVal,setArray,getArray,clearItem} from '@/kits/
LocalStorage'

export default {
    name:"Search",
    data(){
        return {
            searchInput:"",
            historySearch:getArray("historySearch"),
//本项目在获取 localStorage 时，是线性获取，或者说不是异步获取
        }
    },
    components:{
        TopBar,
    },
    methods:{
        back(){
            this.$router.go(-1)
        },
        search(){
            if (this.searchInput !== "") {
                setArray("historySearch",this.searchInput)
                this.$store.commit("setSearchInput",this.searchInput)
                this.$router.push({
                    name:"searchresult",
                })  //router 传值
            }else{
                this.$message.info('请输入要查询的东西');
            }
        },
        searchInputChange(content){
            this.searchInput = content
```

```
        },
    }
}
</script>
```

（3）在 components/pages/Search.vue 页面中显示搜索历史记录。

在页面中显示搜索历史记录，并用弹性盒子布局显示搜索记录。增加删除搜索记录功能，单击某个历史记录实现跳转到搜索结果页面。

页面显示搜索历史记录效果如图 9－8 所示。

图 9－8　页面显示搜索历史记录效果

（4）封装内容显示区 content 组件。

创建 components/content/MyContent.vue 内容显示区组件，设置公用样式。

（5）搜索功能增加 MyContent 组件。

修改 components/pages/Search.vue，增加 My-Content 组件。修改 components/pages/SearchResult.vue，增加 MyContent 组件。

9.2.7　制作首页

（1）将 MyContent 组件加入 components/pages/tabs/Home.vue 页面中。

（2）首页 – 轮播图。

①将轮播图的素材加入项目 assets/imgs/ 目录中。

②将素材导入 home 页面，并在页面定义 homeImgs 变量，代码如下：

```
import home01 from "@/assets/imgs/home01.png";
import home02 from "@/assets/imgs/home02.png";
import home03 from "@/assets/imgs/home03.png";
export default {
  data(){
    return {
      homeImgs:[
        home01,
        home02,
        home03
      ]
    }
  }
}
```

③使用 antd 样式库 a-carousel 组件展示轮播图，代码如下：

```
<template>
    <div>
```

```
        <top-bar :focusFunc="search" >
            <div slot="right" @click="goto('cart')" class="iconfont icon-
            gouwuchezhengpin" style="font-size: 24px"></div>
        </top-bar>
        <my-content :refreshFunc="refresh" pull>
            <a-carousel :after-change="onChange">
                <div v-for="(item,index) in homeImgs" :style=
                "imgStyle(item)" :key="item"><h3>{{index + 1}}</h3></div>
            </a-carousel>
        </my-content>
    </div>
</template>
```

④使用计算属性，声明轮播图标签的动态样式。

增加轮播图的官方固定样式，代码如下：

```
<style scoped>
.ant-carousel >>> .slick-slide {
  text-align: center;
  height: 160px;
  line-height: 160px;
  background: #e5e5e5;
  overflow: hidden;
  border-radius: 15px;
}
.ant-carousel >>> .slick-slide h3 {
  color: #fff;
}
</style>
```

⑤轮播图效果如图 9－9 所示。

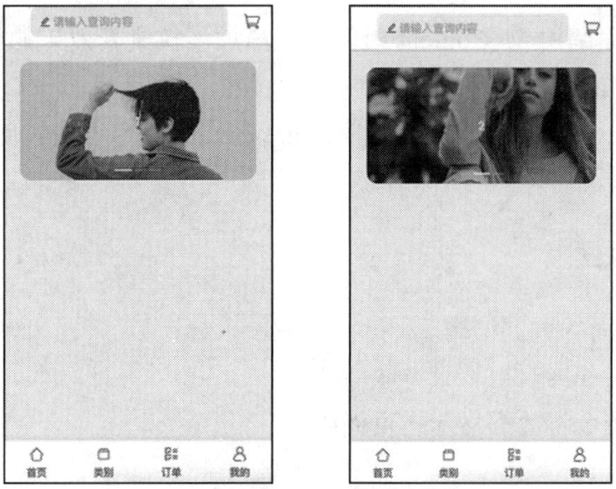

图 9－9　轮播图效果

（3）首页 – 商品类别卡片。

将商品图片素材导入项目 assets/imgs 目录中，在 home 页面声明商品类别数据结构。

（4）创建一个横向滚动组件。

在 src/components 目录中创建 scroll 文件夹，在 src/components/scroll 目录中创建 HScroll.vue 组件。

（5）创建类别卡片组件。

在 src/components 目录中创建 product 文件夹，在 src/components/product 目录中创建 ProductCard.vue 组件，使用父传子方式，在该组件接收商品概要信息，使用计算属性声明 price 和 imgStyle 方法。

（6）在 home 页面调用 ProductCard 和 HScroll 组件，展现商品类别。展现商品类别效果如图 9 – 10 所示。

图 9 – 10　展现商品类别效果

9.2.8　用原生方式实现下拉刷新效果

（1）优化 components/content/MyContent.vue 组件。

在 MyContent 组件增加标志位，判断是普通组件还是带下拉效果组件。

（2）增加下拉效果。

使用 $refs 获取 v-dom 元素。

（3）使用双向绑定变量和 v-if 指令及 CSS3 属性 transform 显示下拉距离区间显示的文字或图标。

（4）优化 components/content/MyContent.vue 组件。

增加下拉效果，增加监听事件（addEventListener），监听手指下拉事件，配合 scrollTop 属性，计算移动的距离，使用 setTimeout 异步方法、iconfont 和动画内容，实现加载动态效果。

（5）在 home 页面调用 MyContent 组件时，增加下拉刷新效果的状态位 pull。

（6）优化 MyContent 下拉刷新效果。

在 home 页面 <my-content> 标签中传入 refreshFunc 绑定方法，使用 promise 异步处理方式实现 refresh 方法。

9.2.9　制作分类页面

（1）初始化该页面的数据结构。

（2）导入 MyContent 组件。

（3）使用 v-for 指令将数据显示在页面中。

```
<template>
```

```
    <my-content>
        <div class="title">商品类别</div>
        <div v-for="item in categorys" :key="item.id" class="card" :
        style="cardStyle(item)">
            <div :class="item.logo"></div>
            <div class="card-right" :style="cardRightStyle(item)">{{item.
            name}}</div>
        </div>
    </my-content>
</template>
```

（4）实现分类页面。

使用 Flex 弹性盒子布局美化页面，使用计算属性，动态渲染样式。

分类页面效果如图 9－11 所示。

图 9－11　分类页面效果

9.2.10　制作个人页面

（1）头像部分。初始化个人信息数据。

（2）利用 antd 样式库中的 a-avatar 承载头像。

（3）使用 Flex 弹性布局盒子使用户信息居中。

（4）菜单部分。

①初始化菜单数据。

②用 v-for 指令和 antd 样式库中 a-list 及 a-list-item 组件修饰菜单。

③给菜单部分增加 CSS3 的 menus 样式。

9.2.11　制作商品详情页面

（1）在 src/components/pages 目录中创建商品详情页面 GoodDetail.vue。

（2）在 GoodDetail.vue 页面，创建 Vue 组件默认模板代码。

```
<template>
    <h1>商品详情页面</h1>
</template>
<script>
export default {

}
</script>
<style scoped>
</style>
```

（3）配置商品详情页面路由。

修改 src/router/index.js 路由配置文件。

（4）在首页的商品卡片组件上增加事件绑定。

绑定事件方法不是在 home 页面上实现的，而是在商品卡片组件（ProductCard）上实现的。

（5）实现绑定事件：通过命名路由跳转到商品详情页面。

参数通过 Vuex 全局方式传递，在 src/store/index.js 全局变量配置文件上进行修改，增加商品详情的参数变量 selectedGood，增加配置的全局方法（mutation）setSelectedGood。

修改 src/router/index.js 路由配置，在商品详情路由增加参数。其目的是通过 URL 的变化，使每次访问商品详情页面没有缓存问题。

（6）在 ProductCard 组件上增加跳转方法。

（7）增加顶部工具栏组件。

（8）通过插槽自定义左、中、右组件分布。

（9）实现返回按钮。

因为全局变量的参数是数组，所以返回上一页时需要从数组移出该页商品信息。

（10）引入 MyContent 组件。

初始化商品详情的数据结构。

（11）用轮播图效果展示商品图片。

使用计算属性添加动态样式。

（12）使用 antd 样式库中的 a-carousel 展现轮播图。

（13）使用 CSS3 美化样式，增加轮播图中右上角“喜爱”和“分享”按钮。

（14）显示商品文字明细。

使用 antd 骨架屏展现评论部分，使用 CSS3 优化样式。

初始化相似商品数据结构，使用 HScroll 和 Product Card 显示横向滚动的相似商品。

（15）使用 CSS3 样式将相似商品恢复原始尺寸。

显示商品详情效果如图 9－12 所示。

图 9－12　显示商品详情效果

9.2.12　制作底部公用组件

（1）在 src/components 目录中创建 footerbar 文件夹。

在 src/components/footerbar 中创建 FooterBar.vue。

（2）使用默认 slot 插槽和命名插槽实现自定义组件。

该组件命名插槽分左、右布局，使用 CSS3 绝对定位让组件固定在页面底部。

（3）在 src/components/footerbar 中创建 FooterBarButton.vue 底部按钮。

使用 antd 样式库中的按钮组件，绑定 clickHandle 事件，通过子传父调用父组件的 funcHandle 事件，代码如下：

```
<template>
    <a-button size="large" @click="clickHandle" block>{{name}}</a-button>
</template>
<script>
export default {
    name:"FooterBarButton",
    props:{
        name:String
    },
    methods:{
        clickHandle(){
            this.$emit("funcHandle")
        }
    }
}
</script>
```

9.2.13 优化商品详情页

将 FooterBar 组件和 FooterBarButton 组件引入页面，在页面声明该组件，添加“加入购物车”和“马上购买”按钮。

```
<script>
import TopBar from '@/components/topbar/TopBar'
import MyContent from '@/components/content/MyContent'
import ProductCard from '@/components/product/ProductCard'
import HScroll from '@/components/scroll/HScroll'
import {getCacheVal} from '@/kits/LocalStorage'
import FooterBar from '@/components/footerbar/FooterBar'
import FooterBarButton from '@/components/footerbar/FooterBarButton'

export default {
    name:"GoodDetail",
    components:{
        TopBar,
        MyContent,
        ProductCard,
        HScroll,
        FooterBar,
```

```
        FooterBarButton,
    },
    ...
}
</script>
```

9.2.14 制作购物车页面

（1）在 src/components/pages 中创建 Cart.vue 购物车页面。

（2）将 TopBar、MyContent、FooterBar 引入该页面中。

```
<script>
import TopBar from '@/components/topbar/TopBar'
import MyContent from '@/components/content/MyContent'
import FooterBar from '@/components/footerbar/FooterBar'
import FooterBarButton from '@/components/footerbar/FooterBarButton'
import ProductEdit from '@/components/product/ProductEdit'
export default {
    name:"Cart",
    components:{
        TopBar,
        MyContent,
        FooterBar,
        FooterBarButton,
        ProductEdit
    }
}
</script>
```

（3）使用公用组件制作页面。

```
<template>
    <div>
        <top-bar>
            <div @click="back" slot="left" class="iconfont icon-back1"
            style="font-size:24px" ></div>
            <div slot="middle" style="font-weight:bold;font-size: 16px;">
            购物车 </div>
        </top-bar>
        <my-content style="padding-left:unset;padding-right:unset;">
            <product-edit v-for="(item,index) in $store.state.cartData" :key
            ="index+item.name" :product="item" :index="index" style=
            "margin-top:16px;"></product-edit>
```

```
        </my-content>
        <footer-bar>
            <div slot="left">
                <div style="color:rgb(0 0 0 /0.5);font-size:12px;font-weight:
                bold">总价</div>
                <div style="color:#FA6400;font-size:16px;font-weight:
                bold">{{$store.getters.cartTotalPrice}}</div>
            </div>
            <footer-bar-button slot="right" style="background-color:
            #2F69F8;color:#fff" name="购买" @funcHandle="order"></footer-
            bar-button>
        </footer-bar>
    </div>
</template>
```

（4）实现返回按钮。

```
<script>
import TopBar from '@/components/topbar/TopBar'
import MyContent from '@/components/content/MyContent'
import FooterBar from '@/components/footerbar/FooterBar'
import FooterBarButton from '@/components/footerbar/FooterBarButton'
import ProductEdit from '@/components/product/ProductEdit'
export default {
    name:"Cart",
    components:{
        TopBar,
        MyContent,
        FooterBar,
        FooterBarButton,
        ProductEdit
    },
    methods:{
        back(){
            this.$router.go(-1)
        },
    }
}
</script>
```

（5）给购物车页面配置路由。

（6）在 home 首页和商品详情页面中的购物车按钮增加跳转事件。

实现 goto 跳转方法：

```
 methods:{
      ...
      goto(name,content){
         content ? this.$router.push({
            name,
            params:{
               content
            }
         }) : this.$router.push({name})
      },
 ...
 }
```

在顶部工具栏插槽中绑定 goto 方法，并传入 cart 路由路径：

```
<template>
<top-bar :focusFunc="search" >
         <div slot="right" @click="goto('cart')" class="iconfont
         icon-gouwuchezhengpin" style="font-size: 24px"></div>
      </top-bar>
</template>
```

（7）在 GoodDetail 商品详情页中的购物车按钮增加跳转事件。

实现 goto 跳转方法：

```
   methods:{
      goto(name){
         this.$router.push({name})
      },
      ...
   }
```

在顶部工具栏插槽中绑定 goto 方法，并传入 cart 路由路径：

```
<template>
   <div>
      <top-bar>
         <div slot="left" style="font-size:24px;" class="iconfont icon-
         back1" @click="back"></div>
         <div slot="middle"> 商品详情 </div>
         <div slot="right" @click="goto('cart')" class="iconfont icon-
         gouwuchezhengpin" style="font-size: 24px"></div>
      </top-bar>
      ...
```

```
    </div>
</template>
```

（8）购物车页面的数据应来源于 Vuex 全局变量。

（9）实现全局变量同步。

（10）实现增加购物车方法 -addCart。

如果添加成功，使用 antd 样式库中的 $message 提示添加成功的消息：

```
methods:{
        ...
addCart(){
            this.$store.dispatch("pushCart",{
                ...this.product,
                countbuy:1
            })
            this.$message.success(" 添加成功 ")
        },
        ...
}
```

在标签上绑定该方法：

```
  <footer-bar>
            <FooterBarButton slot="left" name=" 加入购物车 " style="border:
            none" @funcHandle="addCart" />
            <FooterBarButton slot="right" name=" 马上购买 " style="border:
            none;background-color:#d8d8d8" @funcHandle="order" />
    </footer-bar>
```

如果添加成功则直接跳转到购物车页面：

```
methods:{
order(){
    this.product.countbuy = 1
    this.$store.dispatch("pushCart",Object.assign({},this.product))
    this.goto("cart")
}
}
```

9.2.15 创建可编辑商品卡片组件

（1）在 src/components/product 中创建 ProductEdit.vue 组件。

（2）组件中的数据通过 props 定义的参数 product 获取。

```
<script>
```

```
export default {
    name:"ProductEdit",
    props:{
        index:Number,
        product:Object
    }
}
</srcipt>
```

（3）实现商品个数增加或减少的方法。

```
<script>
export default {
    name:"ProductEdit",
    props:{
        index:Number,
        product:Object
    },
    methods:{
        increase(){
            this.$store.dispatch("increaseCart",this.index)
        },
        decrease(){
            this.$store.dispatch("decreaseCart",this.index)
        },
    }
}
</script>
```

（4）组件显示商品名称、单价、增加按钮及减少按钮。

使用 antd 样式库中的 popconfirm 校验，当数量减少到 0 时是否移出购物车，增加移出购物车确认按钮。

（5）优化购物车页面。

将可编辑商品卡片组件引入购物车页面。在页面中声明该组件，使全局变量中购物车数据显示在页面上：

```
<template>
    <div>
        <top-bar>
            <div @click="back" slot="left" class="iconfont icon-back1" style=
            "font-size:24px" ></div>
            <div slot="middle" style="font-weight:bold;font-size: 16px;">
            购物车 </div>
        </top-bar>
```

```
        <my-content style="padding-left:unset;padding-right:unset;">
            <product-edit v-for="(item,index) in $store.state.cartData" :
            key="index+item.name" :product="item" :index="index" style=
            "margin-top:16px;"></product-edit>
        </my-content>
        <footer-bar>
            <div slot="left">
                <div style="color:rgb(0 0 0 /0.5);font-size:12px;font-
                weight:bold">总价</div>
                <div style="color:#FA6400;font-size:16px;font-weight:
                bold">{{$store.getters.cartTotalPrice}}</div>
            </div>
            <footer-bar-button slot="right" style="background-color:
            #2F69F8;color:#fff" name="购买" @funcHandle="order"></footer-
            bar-button>
        </footer-bar>
    </div>
</template>
```

在全局变量配置文件中，增加全局计算属性 cartTotalPrice，用来计算购物车中商品总价：

```
import Vue from 'vue';
import Vuex from 'vuex';
Vue.use(Vuex)
const store = new Vuex.Store({
    ...
    getters:{
        cartTotalPrice:(state)=>{
            let total = 0
            return "¥ " + state.cartData.reduce((acc,item)=>(acc+item.
            price*item.countbuy),total)
        }
    }
})
export default store
```

（6）在购物车页面底部购买按钮绑定相应方法。

在 src/kits/LocalStorage.js 文件中添加以下方法：

```
export const setCacheVal = (key,val)=>{
    localStorage.setItem(key,val)
}
export const getCacheVal = (key)=>{
```

```
    return localStorage.getItem(key)
}
export const clearCache = ()=>{
    localStorage.clear()
}
```

在购物车页面引入 localStorage 中的 setCacheVal 方法：

```
import {setCacheVal} from "@/kits/LocalStorage"
```

实现购买方法：将购物车内容添加到本地缓存中，清空全局变量，最后提示下单成功信息。代码如下：

```
order(){
    setCacheVal("order", JSON.stringify({
        status:" 下单成功 ",
        id:new Date().getTime(),
        orderdate:new Date() ,
        goodcount : this.$store.state.cartData.length,
        price: this.$store.getters.cartTotalPrice
    }))
    this.$store.commit("resetCart")
    this.$message.success(" 下单成功 ")
}
```

在页面底部购买按钮绑定 order 方法：

```
<footer-bar>
    <div slot="left">
        <div style="color:rgb(0 0 0 /0.5);font-size:12px;font-weight:
        bold"> 总价 </div>
        <div style="color:#FA6400;font-size:16px;font-weight:
        bold">{{$store.getters.cartTotalPrice}}</div>
    </div>
    <footer-bar-button slot="right" style="background-color:#2F69F8;color:
    #fff" name=" 购买 " @funcHandle="order"></footer-bar-button>
</footer-bar>
```

9.2.16 制作订单页面

（1）在 order 订单页面引入 MyContent 组件和本地缓存方法。
（2）使用生命周期钩子函数 created 初始化订单数据。
（3）在 MyContent 组件中将订单信息显示在页面上。
订单页面效果如图 9－13 所示。

图 9-13　订单页面效果

项目小结

在本项目中，我们通过一个移动商城的实战项目，全面体验了 Vue.js 框架及其相关技术栈在前端开发中的应用。从项目初始化开始，逐步引入了 Vue CLI、vue-router、Vuex 和 ES6 等核心技术，并通过 Ant Design 组件库快速构建了界面。我们实现了底部导航栏、顶部工具栏、商品详情页、购物车和订单页面等关键功能，同时对项目进行了性能优化和用户体验提升。在调试和维护方面，我们学习了使用开发者工具、编写单元测试和进行错误监控的方法。最终，将项目成功部署并准备上线，展示了从概念到完成的完整开发流程。这个过程不仅加深了对 Vue.js 及其生态系统的理解，也提升了解决实际问题的能力，为未来的前端开发工作奠定了坚实的基础。

习　题

一、填空题

1. 在 Vue.js 项目中使用 Ant Design 组件库时，可以通过________指令来实现组件的栅格布局系统。
2. ________是一个基于 Promise 的 HTTP 库，可以用在浏览器和 Node.js 中。
3. ________是最接近原生 App 体验的高性能前端框架。
4. 使用________，给 Vue 函数添加一个原型属性 $http，指向 axios。
5. 使用路由的声明式导航，在 HTML 标签中使用________组件来实现路由的跳转。

二、判断题

1. 通过 this.$store.state.* 可以访问 state 中的数据。（ ）

2. 组件想要修改数据，需要调用 mutations 提供的方法，通过 this.$store.emit（'方法名'）实现。（ ）

3. better-scroll 是一款支持各种滚动场景需求的插件。（ ）

三、选择题

1. 下列选项中，（ ）指令可用来切换元素的可见状态。

   A. v-show　　B. v-hide　　C. v-toggle　　D. v-slideHide

2. 下列关于 ref 的作用，说法错误的是（ ）。

   A. ref 在子组件中使用时，使用 this.$refs.name 获取组件实例，可以使用组件的所有属性和方法

   B. ref 加在普通的元素上，用 this.ref.name 获取的是 DOM 元素

   C. 可以利用 v-for 指令和 ref 获取一组数组或者 DOM 节点

   D. ref 在 DOM 渲染完成之前就能使用

3. 想要获取购物车按钮在页面上的位置，以下可以使用的是（ ）。

   A. offset()　　B. getBoundingClientRect()

   C. width()　　D. height()

四、简答题

1. 请简单列举一个项目从开始到上线的开发流程需要的步骤。

2. 请简单列举 6 个“移动商城”项目中用到的重点知识。

参考文献

[1] 尤雨溪 . Vue.js 权威指南 . 北京：人民邮电出版社，2018.
[2] 张克军，李伟 . Vue.js 开发实战 . 北京：清华大学出版社，2019.
[3] 曾铮 . Vue.js 项目开发实战 . 北京：电子工业出版社，2018.
[4] 王斌 . Vue.js 前端开发实战 . 北京：科学技术文献出版社，2019.
[5] 符劼，雷力 . Vue.js 前端开发框架原理与实战 . 北京：人民邮电出版社，2018.
[6] 孙家广，陈进 . Vue.js 从理论精讲到项目实战 . 北京：中国铁道出版社，2019.
[7] 郭彦君 . Vue 全家桶入门实战 . 北京：机械工业出版社，2020.